犊牛 DU NIU
SI YANG GUAN LI GUAN JIAN JI SHU
饲养管理关键技术

◎ 孙 鹏 等/编著

中国农业科学技术出版社

图书在版编目（CIP）数据

犊牛饲养管理关键技术／孙鹏等编著．—北京：中国农业
科学技术出版社，2018.8

ISBN 978-7-5116-3610-2

Ⅰ.①犊… Ⅱ.①孙… Ⅲ.①小牛-饲养管理 Ⅳ.①S823

中国版本图书馆 CIP 数据核字（2018）第 083557 号

责任编辑　崔改泵　金　迪
责任校对　李向荣

出 版 者　中国农业科学技术出版社
　　　　　北京市中关村南大街 12 号　邮编：100081
电　　话　(010)82109194(编辑室)　　(010)82109702(发行部)
　　　　　(010)82109709(读者服务部)
传　　真　(010)82106650
网　　址　http://www.castp.cn
经 销 者　各地新华书店
印 刷 者　北京富泰印刷有限责任公司
开　　本　710mm×1 000mm　1/16
印　　张　9.25
字　　数　150 千字
版　　次　2018 年 8 月第 1 版　2018 年 8 月第 1 次印刷
定　　价　46.00 元

《犊牛饲养管理关键技术》

编著委员会

主 编 著：孙　鹏

副主编著：王梦芝　马峰涛　王　楠　单　强

编著人员：郝丽媛　魏婧雅　徐　磊　金　迪

　　　　　徐巧云　张振斌

前　言

　　"一杯奶强壮一个民族"，优质牛奶是大自然赋予人类"最接近完美的食物"。目前奶业正处于由数量增长型向质量效益型转变的关键时期，已成为促进我国经济发展的重要支柱型产业。作者前期研究发现，乳腺合成乳成分的前体物质来自胃肠道消化吸收的营养物质，因而胃肠道发育及健康与奶牛泌乳性能密切相关。犊牛时期是胃肠道发育的关键时期，是经历从单胃动物到反刍动物过渡的关键阶段。此时瘤胃尚未发育，肠道菌群尚未形成，肠道绒毛还未充分发育完全，黏膜屏障功能不完善，机体代谢、营养及行为等方面均发生巨大改变。提升泌乳性能要从犊牛抓起。然而，由于犊牛不能带来直接收益，对犊牛的培育往往被忽视，导致多数牛场中出现犊牛发病率高、死亡率高、生长速度缓慢等一系列产业问题。鉴于此，加强犊牛时期的饲养管理，通过营养调控的手段，提高犊牛的免疫功能及抗病能力，进而促进犊牛生长、增进犊牛健康，将对提高其成年后的泌乳性能、全面提升牛奶品质、推进农业供给侧结构性改革，以及推动我国奶业健康可持续发展具有十分重要的意义。

　　本书系统介绍了犊牛饲养管理过程中的关键技术，结合犊牛生长发育特点，从动物福利角度，针对母牛围产期直至犊牛断奶后这一段关键时期，全面探讨了犊牛生长发育以及养殖场饲养管理过程中的关键环节以及饲养管理技术。全书共分为十章，主要内容包括：牛的品种、犊牛的生物学特性、母牛的产前准备及护理、饮水和乳的饲喂、犊牛的早期断奶、犊牛的日粮饲喂、环境管理、犊牛饲养中常用的设备、犊牛常见病以及犊牛舒适度管理等，为指导生产实践中犊牛的科学饲养管理提供新的思路。

　　本书是在国家重点研发计划（2018YFD0500703）、国家高层次人才特殊支持计划（"万人计划"青年拔尖人才）及中国农业科学院科技创新工程项目（ASTIP-IAS07）资助下完成的。本书凝聚了多人的智慧，在此向帮助书稿编著的各位老师和同学表示衷心的感谢！

　　鉴于作者水平有限，书中存在的疏漏与不足之处，敬请广大读者批评指正。

编著者

2018 年 6 月

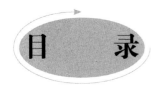

目　录

犊牛饲养管理关键技术

第一章 牛的品种

第一节 中国牛的品种

一、秦川牛

秦川牛是我国著名的大型役肉兼用品种（图1-1，http：//www.qnong.com.cn/），原产于陕西渭河流域的关中平原，目前饲养的总数在60万头以上。秦川牛因产于陕西省关中地区的"八百里秦川"而得名。其中渭南、临潼、蒲城、富平、大荔、咸阳、兴平、乾县、礼泉、泾阳、三原、高陵、武功、扶风、岐山15个县、市为主产区。

图1-1 秦川牛

体型外貌：毛色以紫红色和红色居多，约占总数的80%，黄色较少。头部方正，鼻镜呈肉红色，角短，呈肉色，多为向外或向后稍弯曲；体型大，各部位发育均衡，骨骼粗壮，肌肉丰满，体质强健；肩长而斜，前躯发育良好，胸部深宽，肋长而开张，背腰平直宽广，长短适中，荐骨部稍隆起，一般多是斜尻；四肢粗壮结实，前肢间距较宽，后肢飞节靠近，蹄呈圆形，蹄叉紧、蹄质硬，绝大部分为红色。肉用性能：秦川牛肉用性能良好。成年公牛体重600~800 kg。易于育肥，肉质细致，瘦肉率高，大理石纹明显。18月龄育肥牛平均日增重为550 g（母）或700 g（公），平均屠宰率达58.3%，净肉率为50.5%。

二、南阳黄牛

南阳黄牛是全国五大良种黄牛之首（图1-2，https：//baike.baidu.com/），其特征主要体现在：体躯高大，力强持久，肉质细，香味浓，大理石花纹明显，皮质优良。南阳黄牛毛色分黄、红、草白三种，黄色为主，而且役用性能、肉用性能及适应性能俱佳。南阳牛属大型役肉兼用品种，主要分布于河南省南阳市唐河、白河流域的广大平原地区，以南阳市郊区、唐河、邓州、新野、镇平、社旗、方城、泌阳8个县、市为主要产区。除南阳盆地几个平原县、市外，周口、许昌、驻马店、漯河等地区分布也较多。河南省有南阳黄牛200多万头。

图1-2 南阳黄牛

体型外貌：毛色多为黄色，其次是黄、草白等色；鼻镜多为肉红色，多数带有黑点；体型高大，骨骼粗壮结实，肌肉发达，结构紧凑，体质结实；肢势正直，蹄形圆大，行动敏捷。公牛颈短而厚，颈侧多皱纹，稍呈弓形，鬐甲较高。肉用性能：成年公牛体重为 650～700 kg，屠宰率在 55.6% 左右，净肉率可达 46.6%。该品种牛易于育肥，平均日增重最高可达 813 g，肉质细嫩，大理石纹明显，味道鲜美。南阳牛对气候适应性强，与当地黄牛杂交，后代表现良好。

三、鲁西牛

鲁西牛亦称"山东牛"，是中国黄牛的优良地方品种（图 1-3，http：//www.qianyan.biz/supply/s50966096.html）。原产山东西南地区，主要产于山东省西南部的菏泽和济宁两地区，北自黄河、南至黄河故道、东至运河两岸的三角地带。鲁西牛是中国中原地区四大牛种之一，以优质育肥性能著称。毛色多黄褐、赤褐。体型大，前躯发达，垂皮大，肌肉丰满，四肢开阔，蹄圆质坚。成年公牛体重 500 kg 以上，母牛 350 kg 以上。挽力大而能持久。性温驯，易肥育，肉质良好。鲁西黄牛具有较好的肉役兼用体型，耐苦耐粗，适应性强，尤其抗高温能力强。目前约有 45 万头，分布于菏泽地区的郓城、鄄城、菏泽、巨野、梁山和济宁地区的嘉祥、金乡、济宁、汶上等县、市。聊城、泰安以及山东的东北部也有分布。其中以菏泽地区的郓城、鄄城、菏泽、巨野、梁山和济宁地区的嘉祥、金乡、济宁、汶上等县为中心产区。

图 1-3 鲁西牛

体型外貌：被毛有棕色、深黄、黄色和淡黄色四种，以黄色为主，约占总数的70%，一般牛毛色为前深后浅，眼圈、口轮、腹下到四肢内侧毛色较淡，毛细而软。体型高大、粗壮，结构匀称紧凑，肌肉发达，胸部发育好，背腰宽广，后躯发育较差；骨骼细致，管围较细，蹄色不一，从红到蜡黄，多为琥珀色；尾细长呈纹锤形。肉用性能：鲁西牛体成熟较晚，成年公牛平均体重650 kg左右，肥育性能良好，皮薄骨细，肉质细嫩，1~1.5岁育肥平均日增重610 g。18月龄屠宰率可达57.2%，并具明显大理石状花纹。

四、晋南牛

晋南牛产于山西省西南部汾河下游的晋南盆地（图1-4，http：//tupian.baike.com）。晋南牛属大型役肉兼用品种，产于山西省西南部汾河下游的晋南盆地，包括运城地区的万荣、河津、临猗、永济、运城、夏县、闻喜、芮城、新绛，以及临汾地区的候马、坤远、襄汾等县、市。

图1-4　晋南牛

体型外貌：毛色以枣红色为主，其次是黄色及褐色；鼻镜和蹄趾多呈粉红色；体格粗大，体较长，额宽嘴阔，俗称"狮子头"。骨骼结实，前躯较后躯发达，胸深且宽，肌肉丰满。肉用性能：晋南牛属晚熟品种，产肉性能良好，平均屠宰率52.3%，净肉率为43.4%。

第二节 牛的引进品种

一、西门塔尔牛

西门塔尔牛原产于瑞士阿尔卑斯山区（图1-5，https：//b2b.hc360.com），并不是纯种肉用牛，而是乳肉兼用品种。但由于西门塔尔牛产乳量高，产肉性能也并不比专门化肉牛品种差，役用性能也很好，是乳、肉、役兼用的大型品种。它是我国分布最广的引进品种，适应性好，在许多地区用它改良本地黄牛，普遍反馈改良效果好、肉用性能得到提高、日增重加快。而且此品种在20世纪60年代之前就被引进到国内，并在黑龙江生产建设兵团成功饲养。但由于"文革"开始致使该品种没有得到及时推广。1990年山东省畜牧局牛羊养殖基地引进该品种。此品种被畜牧界称为全能牛。我国从国外引进肉牛品种始于20世纪初，但大部分都是新中国成立后才引进的。西门塔尔牛在引进我国后，对我国各地的黄牛改良效果非常明显，杂交一代的生产性能一般都能提高30%以上，因此很受欢迎。

图1-5 西门塔尔牛

西门塔尔牛毛色为黄白花或淡红白花，躯体常有白色胸带，头部、腹部、尾梢、四肢的飞节和膝关节以下为白色；体格粗壮结实，额宽，头部轮廓清晰，嘴宽眼大，角细致，前躯较后躯发育好，胸和体躯较深，腰宽身躯长，体表肌肉群明显易见，臀部肌肉充实，股部肌肉深，多呈圆形；四肢粗壮，蹄圆厚。西门塔尔牛体型高大，一般成年公牛体重为 1 000~1 300 kg，母牛为 650~800 kg；产肉性能良好，瘦肉多，脂肪分布均匀，肉质佳，屠宰率一般为 63%。

二、夏洛莱牛

夏洛莱牛原产于法国中西部到东南部的夏洛莱省和涅夫勒地区（图 1-6，http://www.taojindi.com），是举世闻名的大型肉牛品种，自育成以来就以其生长快、肉量多、体型大、耐粗放、生长迅速、瘦肉多、饲料转化率高而受到国际市场的广泛欢迎，早已输往世界许多国家。被毛白色或黄白色，少数为枯草黄色，皮肤为肉红色。体型大而强壮，头小而短，口方宽，角细圆形为白色，向前方伸展。腰间由于臀部肥大而略显凹陷。颈粗短，胸深宽，背长平宽。全身肌肉很发达，尤其是臀部肌肉圆厚、丰满，尾部常出现隆起的肌束，称"双肌牛"。

图 1-6 夏洛莱牛

夏洛莱牛生长速度特快，适应性强，耐寒抗热，产肉性能好，具有皮薄、肉嫩、胴体瘦肉多、肉质佳，味美等优良特性。成年公牛体重 1 100~1 200 kg，母牛 700~800 kg，最高日增重可达 1.88 kg，屠宰率为 65%~70%。12 月龄体重可达 500 kg 以上。初生 400 d 内平均日增重 1.18 kg，屠宰率为 62.2%；20 世纪 70 年代引入河北省做杂交改良父本牛。近年来每年改良本地母牛 15 万头以上。

三、利木赞牛

利木赞牛又称利木辛牛（图 1-7，https：//baike. baidu. com），为大型肉用品种，原产于法国中部的利木赞高原，并因此得名。利木赞牛分布于世界许多国家，利木赞牛以生产优质肉块比重大而著称，骨较细，出肉率高。其主要分布在法国中部和南部的广大地区，数量仅次于夏洛莱牛，育成后于 20 世纪 70 年代初，输入欧美各国，现在世界上许多国家都有该牛分布，属于专门化的大型肉牛品种。1974 年和 1993 年，我国数次从法国引入利木赞牛，在河南、山东、内蒙古*等地改良当地黄牛。

图 1-7 利木赞牛

毛色多为一致的黄褐色。角为白色，公牛角较粗短，向两侧伸展；被毛浓厚而粗硬；肉用特征明显，体质结实，体躯较长，肌肉发达，臀部宽平。利木赞牛属早熟型，生长速度快，适应能力好，补偿生长能力强，耐粗饲。成牛公牛活重可达 900~1 100 kg，产肉性能和胴体质量好，眼肌面积大，出肉率高，肥育牛屠宰率可达 65% 左右，胴体瘦肉率为 80%~85%，骨量小，牛肉风味好。

四、海福特牛

海福特牛产于英国英格兰南部的赫里福德郡（图 1 - 8，http：//

---

* 内蒙古自治区简称内蒙古，全书同

www. jdzj. com），是世界上最古老的早熟中小型肉牛品种。我国 1913 年曾有引入，1965 年后又陆续从英国引进。犊牛初生重，公牛为 34 kg，母牛为 32 kg；平均成年体重，公牛为 1 000～1 100 kg，母牛为 600～750 kg。海福特牛性情温驯，合群性强，繁殖力高。小母牛 6 月龄开始发情，育成母牛 18～90 月龄、体重600 kg 开始配种。海福特牛毛色主要为浓淡不同的红色，并具有"六白"（即头、四肢下部、腹下部、颈下、髻甲和尾梢出现白色）。体型较小，骨骼纤细，肉用特征明显；头短、额宽，角向外侧平展；躯干呈矩形，颈短厚，颈垂发达，躯干肌肉发达，臀部丰满；四肢短壮，蹄质结实。海福特牛肥育年龄早，增重较快，饲料报酬高；肉质柔嫩多汁，味美可口，一般屠宰率为 60%～65%。

图 1-8　海福特牛

五、其他引进品种牛

我国部分地区还引进了原产于英国的安格斯牛、短角牛，丹麦红牛、意大利的皮埃蒙特牛等，在我国均表现出较好的改良地方品种的效果，后代杂种优势明显。

参考文献

莫放 . 2010. 养牛生产学 [M]. 北京：中国农业大学出版社 .

沙尔夫，杨文军，马大山 . 2000. 利木赞牛的培育研究 [J]. 内蒙古畜牧科学（2）：
    33-34.

佟桂芝，宋斌，殷溪瀚，等 . 2016. 培育方式对和牛犊牛健康及生长发育的影响 [J]. 中
    国畜牧兽医，43（8）：2 026-2 031.

王建钦 . 2006. 南阳牛的品种介绍和育种方向 [J]. 中国牛业科学（5）：72-73.

夏海涛 . 2016. 肉牛生产中两个关键环节——肉牛品种的利用与犊牛的饲养管理 [J]. 山
    东畜牧兽医，37（11）：13-14.

许尚忠，李俊雅，任红艳，等 . 2008. 中国西门塔尔牛选育及其进展 [J]. 中国畜禽种业
    （5）：13-15.

中国农业百科全书总编辑委员会畜牧业卷编辑委员会，中国农业百科全书编辑部 . 1996.
    中国农业百科全书·畜牧业卷（下）[M]. 北京：中国农业出版社.

《中国牛口种志》编写组 . 1988. 中国牛品种志 [M]. 上海：上海科学技术出版社 .

《中国农业全书》总编辑委员会，《中国农业全书·河北卷》编辑委员会 . 2001. 中国农业
    全书·河北卷 [M]. 北京：中国农业出版社 .

第二章　犊牛的生物学特性

　　犊牛是指出生至成长到 6 月龄的牛，在这个时期，犊牛经历了从分娩到依靠母乳哺喂生存，再到可以依靠采食植物性饲料为主的饲料来维持生存。犊牛的身体各器官系统发育不完全，环境适应性差，易受环境的影响，抵抗力低，易患病。犊牛分为初生期和犊牛期。初生期（新生期）是自出生后 7 d 内，初生期犊牛的环境适应性极差，生长发育旺盛，代谢强度大，营养物质的需求量大且要求质量高，是需供给初乳的阶段。犊牛期是牛出生后的 8 d 到 6 月龄。在此期间，哺喂常乳，补饲草料，并逐渐过渡到断奶，此后以固体性饲料进行培育。

第一节　犊牛的生长发育特性

　　犊牛在断奶前阶段的生长发育会发生显著变化，这一过程直接关系到犊牛在未来第一个以及随后泌乳期的生产性能。断奶前犊牛的生长速度和基础蛋白质沉积可能是提高终生产奶量的关键因素，任何影响犊牛断奶前采食量和生长速度的因素都会影响产奶量。犊牛生长性能指标是衡量犊牛的生长速度不可或缺的技术之一。

一、生长性能指标

　　一般选择晨饲前对每头犊牛进行空腹称重，测量体长、体高、胸围、管围、腰角宽以及采食量等指标。

　　1. 体重

　　称量体重可准确了解奶牛的生长发育情况，检查饲养效果。同时体重也是科学配制日粮的依据，是奶牛育种的重要指标。奶牛的测重方法主要有实测法和估测法两种。

（1）实测法

一般应用平台式地秤，使奶牛站在上面，进行实测，这种方法最为准确。犊牛应每月测重一次，育成牛每 3 个月测重一次。每次称重均应在清晨空腹进行，而成年母牛应在挤奶之后进行。为了尽可能地减少称重误差，应连续 2 d 在同一时间内进行，然后求其平均数作为该次的实测活重。

（2）估测法

如若没有地秤，奶牛的体重也可根据体尺进行估计。各龄奶牛体重可采用以下公式进行估测：

6~12 月龄：体重（kg）= 胸围^2（m）× 体斜长（m）× 98.7

16~18 月龄：体重（kg）= 胸围^2（m）× 体斜长（m）× 87.5

初产~成年：体重（kg）= 胸围^2（m）× 体斜长（m）× 90

2. 体尺测量

用于奶牛体尺测量的器具主要有测杖、卷尺、圆形测定器、测角计等。进行测量时，应使牛站在平坦的地上。肢势端正，左右两侧的前后肢均须在同一直线上，从后面看后腿掩盖前腿，侧望左腿掩盖右腿，或右腿掩盖左腿。头应自然前髦伸，既不左右偏，也不高抬或下垂，枕骨应与鬐甲接近在一个水平线上。只有这样的姿势才能得到比较准确的体尺数值。测定部位的多少，依测定的目的而定。奶牛常用的测定项目有以下几项。

（1）体高：体高是指鬐甲最高点到地面的垂直距离，用杖尺或软尺。

（2）胸围：在肩胛骨后缘处作一垂线，用卷尺围绕 1 周测量，其松紧度以能插入食指和中指上下滑动为准。

（3）体斜长：从肩端至坐骨端的距离。用卷尺或测杖量取，但需注明所用测具。

（4）体直长：从肩端至坐骨端后缘垂直直线的水平距离，用测杖量取。

（5）背高：最后胸椎棘后缘垂直到地面的高度，用测杖量取。

（6）腰高：亦称十字部高，两腰角的中央（即十字部）垂直到地面的高度，用测杖量取。

（7）尻高：荐骨最高点垂直到地面的高度，用测杖量取。

（8）胸深：在肩胛骨后方，从鬐甲到大胸骨的垂直距离，用测杖量取。

（9）胸宽：左右第六肋骨间的最大距离，即肩胛骨后缘胸部最宽处的宽度，用测杖或圆形测定器量取。

（10）臀端高：坐骨结节至地面的高度，用测杖量取。

（11）背长：从肩端垂直切线至最后胸椎棘突后缘的水平距离，用测杖量取。

（12）腰长：从最后胸椎棘突的后缘至腰缘切线的水平距离，用测杖量取。

（13）尻长：从腰角前缘至尻端后缘的直线距离，用测杖量取。

（14）腰角宽：又称后躯宽，左右两腰角（髋关节）最大宽度，用测杖或圆形测定器量取。

（15）髋宽：左右髋部（髋关节）的最大宽度，用测杖或圆形测定器量取。

（16）坐骨端宽：左右坐骨结节最外隆凸间宽度，用圆形测定器量取。

（17）管围：前肢颈部上 1/3 处的周径，一般在前管的最细处量取，用卷尺量取。

3. 体尺指数

所谓体尺指数是指奶牛体尺指标之间的数量关系，用于表达不同体躯部相对发育程度，反映奶牛的体态特征及可能的生产性能。它的计算一般用某一常用体尺做基数，如体高与其他体尺之比，以百分率表示。奶牛常用的体尺指数的计算公式与含义为：

（1）体长指数：（体斜长/体高）×100。反映体格长度与高度的相对发育情况。

（2）胸宽指数：（胸宽/胸深）×100。反映体长和高度的相对发育程度。

（3）髋胸指数：（胸宽/腰角宽）×100。反映胸部对髋部的相对发育程度。

（4）体躯指数：（胸围/体斜长）×100。反映体躯容量的相对发育情况。

（5）尻高指数：（尻高/体高）×100。反映前后躯在高度方面的相对发育情况。

（6）尻宽指数：（坐骨端宽/腰角宽）×100。反映尻部的发育情况。

（7）管围指数：（管围/体高）×100。反映骨骼的相对发育情况。

（8）胸围指数：（胸围/体高）×100。反映体躯的相对发育程度。

（9）肢长指数：［（体高−胸深）/体高］×100。反映四肢长度的相对发育情况。

4. 干物质采食量及腹泻率

测定实际采食量：记录早、晚投喂料，以及清槽时剩余量；测定全混合日粮干物质比例：投料时在食槽中进行取样；并将样品放置在烘箱中（105℃杀菌，65℃烘烤），待样本完全烘干后，算出含水量。记录所有犊牛全期腹泻情况（腹泻头数及天数）。计算每头牛试验全期干物质采食量、平均日增重、饲料转化率、腹泻率和腹泻频率。

腹泻率（%）= 100 × 腹泻头数/总头数

腹泻频率（%）= 100 ×∑〔（腹泻头数 × 腹泻天数）/（试验头数×试验天数）〕

干物质比例＝烘干样本重/新鲜样本重 × 100%

每头牛采食量＝早晨投料量（kg）＋晚上投料量（kg）－ 清槽剩余量（kg）

每头牛一天的干物质采食量（kg DM/头）= 每头牛采食量（kg）× 饲料干物质含量（%）

二、影响生长指标的因素

影响犊牛生长的因素很多，主要为营养和管理两方面。在营养供给方面，能量和蛋白质都很重要，尤其是蛋白质的品质和可消化性。在断奶之前，液体饲料更能提高犊牛的潜在生产性能。除了初乳中免疫球蛋白之外，还有一些因素能够影响犊牛的采食量、饲喂效率和生长发育状况，并且可以改善早期的营养状况对后期的影响。犊牛有其自身独特的营养需要，这与测定的干物质和液体饲料体积无关。

1. 初乳与生长性能指标的关系

在子宫内，母体控制着胎儿发育所需的环境，从而影响胎儿遗传物质的表达。母体对后代发育产生的影响在分娩后并未停止，通过哺乳，母体可在胎儿出生后一周内继续对其产生影响，初乳因素可影响后代的组织发育和生理功能。上述概念被称为"牛奶分泌假说"。相关的数据已经在新生仔猪和犊牛上进行了讨论。这一假说的含义以及相关数据说明：新生动物受到母体和产后因素的共同调控，从而改变某些发育过程。

与常乳相比，初乳含有更多的免疫球蛋白、激素和生长因子，比如松弛素、催乳素、胰岛素、IGF-1、IGF-2 和瘦素，这些因子在新生动物体内具有生物活性。研究发现，初乳对胃肠道发育有重要作用，这可能与初乳中富含的生长因子有关。

初乳管理对于降低犊牛死亡率、提高日增重和血清免疫球蛋白浓度至关重要。显然初乳管理并不是一个新概念，而且已有数百篇文献报道了初乳管理、初乳品质、饲喂量以及免疫球蛋白吸收率，但是最近一些有关初乳处理方法和管理方案的研究表明，很有必要对初乳继续研究。近来，初乳成为新生反刍动物研究方面的热点，其原因是初乳在犊牛建立被动免疫系统方面具有重要作用。因此，当免疫球蛋白水平不足时，犊牛的发病率和死亡率将会增加。虽然免疫球蛋白非常重要，但初乳给犊牛提供的并非只有这一种物质。大量研究表明，初乳中还含有其他因子，并且这些化合物对犊牛发育具有很重要的作用。犊牛在生长过程中通过接触细菌和病毒可以产生自身的免疫球蛋白，初乳中的母源抗体存在的时间很短，因此初乳中的母源抗体是否不可缺少还存在争议。尽量减少初乳中的细菌数可能是许多牛场关心的管理问题之一，但是通常情况下忽视了这一因素。研究结果表明，在初乳饲喂前，肠道中或初乳中的细菌数会影响犊牛的免疫球蛋白吸收量，从而导致犊牛被动免疫转移失败率上升。因此，良好的乳房健康状况和适当的初乳处理可以降低新生和断奶犊牛的发病率和死亡率，这与疫苗接种程序具有同等的重要性，甚至比后者更重要。

研究表明，当血清免疫球蛋白含量低时，犊牛的日增重降低、死亡率升高，甚至有些研究表明，第一个泌乳期的产奶量也会受到影响。Robinson 等的研究表明，免疫球蛋白含量高的犊牛能够在一个完整的免疫反应建立之前灭活病原体，而低免疫球蛋白含量的犊牛必须首先建立一个免疫反应，从而使营养物质用于防御机制。关于这种差异对犊牛的影响以及能持续多长时间，DeNise 等的数据表明，犊牛在饲喂初乳后 24~48 h，血清 IgG 浓度大于 12 mg/mL 时，每提高 1.0 mg/mL 的血清 IgG 浓度，其成年后的产奶量提高 8.5 kg/d。这就说明，血清中 IgG 含量低的犊牛更容易受到免疫应激的影响，进而影响生产性能。还有一些研究与上述结果并不一致，Donovan 等研究了初乳对犊牛生长和生产性能的间接影响，但结论却是这一影响是由高发病率间接引起的。在很多情况下，计算日增重和饲料转化率时，必须考虑到试验中死亡或淘汰的那部分犊牛，这对生产更有帮助。

以瑞士褐牛作为试验动物，Faber 等的研究表明，犊牛出生后的初乳饲喂量对其性成熟前期的日增重有超过 0.2 kg/d 的显著影响。并且当犊牛初乳摄入量增加时，在第 2 个泌乳期产奶量会提高 1027 kg。Faber 不仅研究了犊牛日增重方面的问题，而且该研究也引出了一个问题，即是否是因为犊牛采食量和饲料转化率的提高导致了其日增重的提高，而这一问题在该研究中并未解决。另外，Jones 等研究了母源初乳与来源于血清的初乳替代物的差别。在这项研究中，将母源初乳和含有均衡营养物质、来源于血清的初乳替代物分别饲喂两组犊牛。研发初乳替代物是为了给新生犊牛提供必要的 IgG，但初乳替代物基本上不含母源初乳中的其他生物活性因子。这两组犊牛在接下来的试验中被分为 4 组，分别饲喂含有动物血浆的代乳粉或者不含动物血浆的代乳粉。结果表明，饲喂母源初乳的犊牛饲料转化效率显著高于饲喂来源于血清的初乳替代物的犊牛。这 2 个处理组犊牛的 IgG 水平基本相等，这表明除了 IgG 之外，初乳中的其他因子对不同处理组间的差别也有重要影响。初乳中的一些其他成分，比如胰岛素、IGF-1、松弛素以及其他一些生长因子和激素，可能是影响犊牛发育的重要因素。在犊牛发育早期，缺少这些物质可能会改变犊牛的发育模式，从而改变犊牛对养分的吸收及利用效率。Soberon 和 Van Amburgh 研究了初乳及饲喂初乳后代乳粉的不同摄入量对断奶前犊牛日增重的影响。根据初乳饲喂量的不同，分为 2 个处理组：高量初乳组（4 L）和低量初乳组（2 L）。在 2 个处理组内又分为代乳粉限饲组和自由采食组。在这一研究中，所有犊牛都没有出现被动免疫失败的情况。在代乳粉不限饲时，饲喂 4 L 初乳与饲喂 2 L 初乳的犊牛相比，前者代乳粉的采食量、断奶前日增重、断奶后采食量分别比后者提高 8.5%、18% 和 12%，出生后 80 d 内断奶后的日增重比后者高 25%。这一研究结果表明，初乳对犊牛的食欲调节有潜在影响，从而促进生长并提高饲料转化率。

2. 代乳粉对犊牛生长性能的影响

营养水平对生长发育影响很大，营养水平高时，幼牛生长迅速；营养水平低，幼牛生长发育迟缓，会造成生长发育受阻。有研究表明，随蛋白质水平的提高，平均日增重也提高。不同代乳粉、饲料更换对于犊牛来说是一种应激，腹泻程度反映了应激程度的大小。各组犊牛在换料适应期出现不同程度的腹泻，这可能与哺喂犊牛初乳情况、代乳粉营养水平、代乳粉组成的不同造成的犊牛对代乳粉接受情况、适应期长短有一定关系。试验代乳粉含有部分大豆蛋白，大豆蛋白除含有抗营养因子外，消化吸收也不如牛奶，在胃中凝结程度不如酪蛋白。而且在胃中停留时间短，胃蛋白酶作用时间不够，较多未消化蛋白质进入肠道容易引起犊牛不同程度的腹泻。

3. 开食料对犊牛生长性能的影响

有研究表明，对照组犊牛（自然哺乳）与试验组犊牛（人工哺乳）在 180 日龄的体重及日增重差异显著，说明早期饲喂开食料和干草可促进瘤胃的进一步发育和改善瘤胃微生物发酵，从而增加瘤胃挥发性脂肪酸的浓度，刺激瘤胃乳头的发育，提高犊牛采食量，进而改善其生长性能。犊牛的早期增重对其日后的生长发育也具有很大影响。哈利等证实，食入植物性饲料会在一定程度上促进肌肉、骨骼等组织的生长。王永超等在专门用于小牛肉生产的1~181日龄的奶公犊牛日粮中添加颗粒料，可保持犊牛同等的生长性能和屠宰性能，促进犊牛复胃的发育，并降低腹泻率和腹泻频率。王立斌等试验证明，在饲喂开食料的基础上补饲苜蓿对犊牛胃肠道发育有促进作用。已有试验结果表明，补饲苜蓿干草极显著提高了复胃内食糜的重量，极显著提高了瘤胃液pH值和乙酸浓度；显著降低了瘤胃前囊乳头高度和宽度，极显著提高了小肠长度，极显著降低了十二指肠隐窝深度。本试验结果也证明了犊牛早期饲喂颗粒料对犊牛瘤胃有促进作用，与上述试验结果基本一致。

4. 不同饲养方式对犊牛生长性能的影响

犊牛的呼吸器官发育不健全、功能尚不完善，自身没有产生抗体的能力，在4周龄以后才具有免疫能力。为解决实际生产中犊牛免疫力低而造成犊牛发病率和死亡率较高的问题，应该注重提高犊牛机体免疫力和健康水平。肉牛犊牛早期断奶后即切断了从母体获得被动免疫的来源，腹泻是影响犊牛生长的重要因素。赵会利等试验证明，饲喂纳豆芽孢杆菌的犊牛腹泻率和腹泻频率分别降低了37.50%和60.58%，犊牛日粮中添加0.1%的纳豆芽孢杆菌可提高犊牛的生长性能，缓解犊牛对断奶的应激反应。造成犊牛腹泻的原因很多，其中饲料是主要原因之一。饲料是消化道最直接的接触物，腹泻率反映发病率，腹泻频率、粪便指数反映腹泻的严重程度，3项指标结合使用，可较为全面地反映犊牛在试验期内的腹泻状况。封元等研究表明，人工哺乳方式培育的犊牛相比于传统的自然哺乳方式培育的犊牛，呼吸系统疾病的发病率明显降低。另外，一般情况下犊牛死亡率的高峰出现在其出生后的1~3周。预防断奶肉牛犊牛腹泻，除了保证营养的均衡外，还与肉牛犊牛的管理水平（如舍温、饲喂量、饲喂法、适宜断奶等）、环境等有一定关系。王锦荣等认为颗粒料在犊牛瘤胃中通过瘤胃发酵，产生更多的挥发性脂肪酸，刺激了犊牛复胃的发育，提高营养物质消化率，降低消化不良的发生，从而减少了营养性腹泻的发生率。

5. 早期断奶对犊牛生长性能的作用

犊牛的培育中早期断奶可降低犊牛的培育成本，促进犊牛消化系统发育，缩短母牛休情期，促进母牛早日发情，提高终身产犊数。试验表明，70 d前断奶各组间犊牛平均日增重和体尺指标存在显著差异；28 d断奶犊牛日增重数值较低；71~150 d断奶犊牛在增重、体高、体斜长、胸围、腹围等方面显示出优势；全期各试验组犊牛的增重、体尺指标及腹泻率均差异不显著，断奶日龄对犊牛体增重和体尺指标的影响在 70 d 前较为显著，但在 70 d 后减弱。国内有关和牛纯种繁育犊牛的培育方式多采用母牛带犊的方式，哺乳期为 6 个月。试验采用人工哺乳及母牛带犊方式培育犊牛，实施早期断奶，结果表明采用人工哺乳方式培育和牛犊牛，早期断奶有利于犊牛生长发育和骨骼发育，可显著提高犊牛 180 日龄的体重、日增重及其体高和胸围，同时能显著降低犊牛的培育成本[26]。

第二节　犊牛的消化生理特点

犊牛在 1~2 月龄时，几乎不能进行反刍，到 3~6 周龄时，瘤胃内开始出现正常的微生物活动，3~4 月龄时开始反刍，6 月龄时建立完全的消化功能。此期间对精料和干草只能少量摄取，同时消化这些固体饲料则以第四胃（皱胃）和肠道为主，因为前胃都没有分泌消化液的腺体，只有真胃能分泌消化液，所以在前三个胃的功能没建立之前，主要靠皱胃进行消化。

犊牛在胎儿时期皱胃发育良好，而瘤胃、网胃、瓣胃发育不充分。出生犊牛的瘤胃和网胃容积仅占全部胃的 1/3 左右，且功能不完善，瘤胃黏膜乳头短小且软，微生物区系尚未建立，不具有发酵饲料营养物质的能力。因此，初生牛犊属单胃营养类型，主要靠皱胃和小肠消化吸收营养物质。犊牛刚出生时，瘤胃的容积很小，占四个胃的 33%，10~12 周时增长至 67%，四月龄时至 80%，1 岁半时达到 85%，完成全部发育过程。出生后头 3 周的犊牛，瘤胃、网胃和瓣胃均未发育完全。这个时期犊牛的瘤胃虽然也是一个较大的胃室，但是它没有任何消化功能。

犊牛在吮奶时，体内产生一种自然的神经反射作用，使前胃的食管沟卷合，形成管状结构，避免牛奶流入瘤胃，使牛奶经过食管沟直接进入瓣胃以后进行消化。犊牛 3 周龄时开始尝试咀嚼干草、谷物和青贮饲料，瘤胃内的微生物体系开始形成，内壁的乳头状突起逐渐发育，瘤胃和网胃开始增大。由于微生物对饲料的发酵作用，促进瘤胃发育。随着瘤胃的发育，犊牛对非奶饲料，包括对各种粗饲料的消化能力逐渐增强，才能和成年牛一样具有反刍动物的消化功能。所以，犊牛出生后头 3 周，其主要消化功能是由皱胃（其功能相当于单胃动物的胃）行使，这时还不能把犊牛看成反刍家畜。在此阶段，犊牛的饲养与猪等单胃动物十分相似。

犊牛的皱胃占胃总容量的 70%（成年牛皱胃只占胃总容量的 8%）。犊牛在以瘤胃为主要消化器官之前，尚不具备以胃蛋白酶进行消化的能力。所以，在犊牛出生后头几周，需要以牛奶或牛奶制品为日粮。牛奶进入皱胃时，由皱胃分泌的凝乳酶对牛奶进行消化。

但随着犊牛的长大，凝乳酶活力逐步被胃蛋白酶所替代，大约在 3 周龄时，犊牛开始有效地消化非乳蛋白质，如谷类蛋白质和菜籽粕等。而在新生犊牛肠道里存在乳糖酶，所以，新生犊牛能够很好地消化牛奶中的乳糖，而这些乳糖酶的活力却随着犊牛年龄的增长而逐渐降低。新生犊牛消化系统里缺少麦芽糖酶，大约到 7 周龄时，麦芽糖酶的活性才逐渐显现出来。同样，初生犊牛几乎或者完全没有蔗糖酶，以后也提高得非常慢，因此，牛的消化系统从来不具备大量利用蔗糖的能力。初生犊牛的胰脂肪酶活力也很低，但随着日龄的增加而迅速增加起来，8 日龄时其胰脂肪酶的活性就达到相当高的水平，使犊牛能够很容易地利用全乳以及其他动、植物代用品中的脂肪。另外，犊牛也同样分泌唾液脂肪酶，这种酶对乳脂的消化有益，但唾液脂肪酶随着犊牛消耗粗饲料量的增加而有所减少。

犊牛除饲喂适量的全乳外，应及早饲喂植物性饲料，可促进瘤胃迅速发育，饲喂干草等粗饲料，对提高瘤胃容积是十分重要的。因为除物理性作用外，其中还包括精料和干草两方面共同发生的营养作用，因瘤胃发酵产生挥发性脂肪酸，这些脂肪酸的产生也是刺激瘤胃发育的重要因素之一，对瘤胃的生长发育有显著的促进作用，尤其是瘤胃上皮组织的发育。而植物性饲料中的粗纤维有助于瘤胃容积的发育。所以，植物性饲料的供给时间、类型和给量对瘤网胃的发育至关重要。

初生犊牛小肠黏膜吸收细胞刷状缘具有吞噬大分子物质的能力，因此可以吸收初乳中的免疫球蛋白。由于胎盘的血液屏障功能，犊牛在胎儿阶段不能获得母体中的免疫球蛋白。吸收细胞刷状缘的这种吞噬能力对于犊牛迅速获得免疫能力非常重要。随着消化机能的完善，这种吞噬大分子物质的能力迅速消失，称为肠道闭锁。在发生肠道闭锁后，蛋白质分子被分解成氨基酸或小肽后才能被吸收，而被分解了的蛋白质分子一般不具备原有的生物学活性。

第三节 犊牛的乳腺发育

奶牛的乳腺能够合成并分泌乳汁，其发育程度取决于乳腺泌乳细胞的数目和完整性，进而决定产奶量的高低，因此，乳腺的发育程度是奶牛生长发育的重要标志。犊牛生后需要3年才能成为产乳牛，并要通过产乳性能的测定和外貌、来源以及育种值等鉴定才能明确是否为有效率的高产牛。若能在犊牛数月龄时通过犊牛乳腺生长发育和外貌性状与产乳量的相关研究，预测其将来的产乳量进行早期选择就可以加强对高产后备牛只的培育，淘汰低产牛以节省人力、物力、降低生产成本，进行有效生产，并进行牛群的调整，更快地提高整个牛群的质量，增加经济效益。

1. 乳腺发育阶段及特点

刚出生犊牛的乳腺由不成熟导管系统和间质组织组成。犊牛出生后乳腺组织生长分为4个时期，即管状期（出生~1月龄）、增大期（1~2月龄）、象限期（2~4月龄）、半型期（4~6月龄）。1月龄为管状期，触摸4个乳房时，每个乳房内有一管状腺体，但不显著；2月龄为增大期，每个乳房内管状腺体有所增大；2~4月龄为象限期，在4个乳房内每个乳房内的乳腺略呈球形；4~6月龄以后为半型期，左右侧乳房内前后两部的乳腺连在一起成为中部稍细的短圆柱状。

犊牛乳腺发育既有一定的规律，又存在不同的差异。有的牛乳腺生长很快，有可能2月龄已经发展到象限期，也有2~4月龄已经生长到半型期或者仍停留于增大期，甚至一头犊牛四个乳房内的乳腺生长也不一致，有同属两个时期或者三个时期的。例如，犊牛在2月龄时，四个乳房中有两个乳腺为增大期，两个为象限期，反映出犊牛乳腺在不同月龄或在同一月龄内生长有快慢，发育有好坏，这正是早期预测犊牛将来产奶量的依据之一。

奶牛乳腺从胚胎期开始发育，出生时乳腺的基本结构和形状已经发育完全，上皮细胞开始增殖，乳腺导管开始发育。乳腺导管系统从乳头池开始经过乳池，最后在上皮导管组织汇集。上皮组织和其周边组织组成了乳腺的实质；基质是与实质紧连的不含上皮细胞的组织，主要包括连接组织、神经组织、淋巴组织及血管，由于基质内脂肪含量较多，因此又被称为脂肪垫。不同阶段生长母牛的乳腺实质的发育变化很大，根据其发育情况大致可以分为5个阶段：断奶前（0~2月龄）、初情期前（3~9月龄）、妊娠前、怀孕期、泌乳期。在

0～2 月龄后备母牛的乳腺与体重处于等速生长状态，2 月龄至初情期前后备母牛的乳腺发育处于异速生长状态，此时乳腺实质的发育速度要快于牛体其他部位。乳腺发育最快的时期在 3～9 月龄，体重 90～230 kg。进入初情期后，发情周期会刺激乳腺实质进一步发育，此时，乳腺 DNA 浓度与发情周期遵循回归生长模型，乳腺实质发育仍为异速发育阶段。奶牛的乳腺发育主要集中在妊娠期，受母体激素的影响，乳腺上皮细胞开始大量增殖分化，脂肪垫慢慢退化，脂肪组织逐渐被导管替代。

出生到初情期是后备母牛乳腺发育的关键时期，乳腺上皮细胞迅速增殖，但此阶段乳腺发育易受日粮因素影响。研究表明，日粮营养水平，尤其是能量、蛋白水平是后备母牛乳腺发育的主要因素，其主要影响乳腺脂肪垫的发育，但对乳腺实质的影响较小。此外，乳腺的发育受到机体内激素和各类作用因子的调控。研究表明，生长激素、催乳素、雌激素、胰岛素生长因子等都能促进犊牛的乳腺发育。

2. 测量方法

衡量乳腺发育的指标包括乳腺软组织的表观指标、乳腺实质和脂肪垫重量及 DNA 含量、血清内与乳腺发育相关的激素水平、乳腺发育相关基因的表达量及体外培养的分泌上皮细胞的增殖速率和数量等。

乳房外观指标包括前、后乳头长度，乳头间距和乳房面积等。可根据犊牛乳腺组织生长的 4 个时期，每月分别进行观察、触摸，在半型期时测量乳腺组织左右的前宽和其长度（长度是左半侧和右半侧乳腺组织从前到后的长度）并以各时期的观察、触摸和测量进行绘图，以及记载分析。目前，超声波法已逐渐代替以前的方法。

（1）外观法

犊牛乳房外观指标与成年后产奶量有较强的相关性。刘正伦等试验结果表明，犊牛乳腺前宽和长度值与产奶量呈极显著正相关，体高、体长与产奶量的相关性较为显著。Capuco 等也指出，雌激素可促进乳腺干细胞的增殖，因此雌激素对乳头长度的影响可用来间接观测乳腺上皮细胞的发育。长期以来，乳头长度一直作为一个被用来评价后备母牛乳腺发育程度的表观指标。罗汉鹏等研究表明，乳头长度对测定日产奶量有显著影响。但 Whitlock 等研究表明乳头长度与分泌组织没有直接关系。对于乳头长度是否决定后期泌乳量的研究结果不一致，乳头长度与泌乳量的关系有待进一步验证。

（2）触诊法

触诊法是利用触觉及视觉结合的检查法，通常用检查者的手或借助工具去实施。触诊内容主要分为体表状态检查、组织器官检查、腹部触诊等，既可对动物浅表组织进行触诊，也可检查动物腹壁紧张度、有无压痛和反跳痛、腹部包块、液波感及肝脾等腹内脏器情况。一手平放于被检部位（检查中、小动物时，将另一手放于对侧做衬托），轻轻按压，以感知其内容物的性状与敏感性。此外，也可以利用掌指运动，上下左右滑动触摸触及的部位，了解其形态、大小及硬度等。触诊法是最早期研究乳腺发育的方法，即通过触摸感觉乳腺实质发育情况。Donoho 等研究表明，触诊法和卡尺测量法是观测乳腺发育的一种可行手段，但后期研究证明触诊法检测奶牛乳腺实质的发育很困难而且不准确，所以此方法已经逐渐被淘汰。

（3）超声波技术

超声波成像技术作为一种无创性、可长期观测的技术在动物疾病诊断及繁殖方面已应用多年。早期学者成功应用 X 射线断层摄影技术及山羊乳腺核磁共振成像技术探测动物的乳腺发育情况。但由于核磁共振技术成本很高，奶牛体型大，耗资多，所以核磁共振技术后期未应用于奶牛乳腺发育的观测。X 射线断层摄影技术的成本也很高，并且数据可靠性不大，目前已很少使用。Caruolo 等于 1967 年开始应用超声波技术（A 超、振幅超声波技术）探索乳腺的结构和泌乳导管的发育情况。Ruberte 等进一步提升技术，使用 B 超探测山羊的乳腺形态，并通过屠宰试验和成像技术的对比，证实采用 B 超技术探测乳腺结构的结果是可靠的。

（4）其他方法

乳腺组织各部分组织重量及 DNA 含量是评价乳腺发育的最显著指标。乳腺总重量、脂肪垫重量、脂肪垫重量占整个乳腺的比例与 ADG 呈正相关；而乳腺实质的重量、乳腺实质占整个乳腺的比例、乳腺实质 DNA 含量及羟脯氨酸含量（结缔组织指标）与平均日增重呈负相关。与乳腺发育有关的内分泌激素主要有雌激素（Estrogen，E）、孕激素（Progesterone，P）、生长激素（Growth hormone，GH）、催乳素（Prolactin，PRL）、胰岛素（Insulin，INS）等。此外，乳腺生长发育还受到旁分泌和自分泌的调控、如胰岛素样生长因子（Insulin-like growth factor，IGF）、瘦素（Leptin）等，它们与内分泌激素之间相互作用共同作用于乳腺组织。通过组织培养、原代培养乳腺上皮细胞或通过传代建立乳腺上皮细胞系，细胞的贴壁速度、生长速度、细胞形态及细胞内相关基因的表达量可作为乳腺发育指标[33]。

3. 犊牛乳腺的饲养管理

犊牛在出生剪断脐带后 12 h，去副乳头，一般奶牛乳房有 4 个发育良好的乳头，但是有个别的奶牛在发育良好的乳头附近又长出大小不等的乳头，称为副乳头。副乳头影响挤奶及牛的出售，牧场一般采取直剪法、结扎法或烧烙法去除副乳头。去除副乳头之后，可在副乳头处涂上碘酒或者是消炎软膏。

直剪去除法，先使用 7% 的碘酊或蹄泰在副乳头及周围进行消毒；然后使用手术直剪（已消毒），距乳腺 1 mm 处进行处理，避免损伤乳腺，此外要注意去副乳头后严格消毒；最后断奶时再检查一次，保证犊牛无副乳头。

结扎去除法，首先将奶牛于四柱栏内站立保定或侧卧保定，把副乳头洗净并涂上碘酒，然后用已经消毒的 12 号缝合线，从副乳头的根部结扎。以后每隔 3~5 d 将结扎线紧扎一下，直到副乳头脱落为止，并涂少许碘酒。

烧烙去除法，奶牛保定同上，把副乳头洗净并涂上碘酒，用一把止血钳，从副乳头的根部紧紧钳夹住，3~5 min 后，用手术刀紧靠止血钳下面割去副乳头，用烧红的烙铁在副乳头处轻轻烧烙一下。若副乳头小，止血钳当即就可取下，若副乳头大，在取止血钳前应结扎 2~3 道，以防止血钳取下后出血。去掉副乳头之后，可在副乳头处涂上碘酒或消炎软膏。副乳头若很大，术后应注射破伤风抗毒素 8 000 IU、青霉素 80 万 IU×3 支、链霉素 100 万 IU×2 支，1 次注射，每天 2 次，连用 3 d。如果奶牛处在孕期应注射黄体酮 100 mg×（10~15）支，1 次注射，隔日再注射 1 次。

4. 犊牛期强化饲养对乳房发育有重大影响

犊牛初生后 8 周的强化饲养对奶牛乳房的完美发育影响重大。早在 2005 年，研究已经证明代乳粉的饲喂量对 8 周龄内犊牛的乳房发育有重大影响：发育的乳腺细胞数量（实质组织 DNA）和细胞活性（实质组织 RNA）都强烈依赖营养素的供应。美国康奈尔大学（Soberon 和 van Amburgh）的一项最新研究同样调查了初生犊牛的采食量和乳房发育间的关系：对照组的 6 头犊牛在出生后 54 d 内饲喂了 32.6 kg（0.6 kg/d）的代乳粉，试验组的 6 头犊牛饲喂了 69.5 kg 的代乳粉（1.3 kg/d）。试验结果表明，54 d 后，试验组的乳腺总量是对照组的 4.5 倍，实质组织（乳房分泌乳汁的组织）的重量是对照组的 5.9 倍。研究结果再次表明，代乳粉形式的营养素可以强烈影响初生犊牛的乳房发育。虽然试验组犊牛肾脏和肝脏的生长速度也比对照组快，但乳腺组织的生长速度差别是最大的。试验组犊牛的每日代乳粉饲喂量远超出生产实践中犊牛的一般饲喂水平。对大多数的奶牛场而言，认识到这样饲喂会使奶牛获得发育更好的乳房是非常有意义的，因为这会充分发挥奶牛的遗传潜力。

日粮营养水平对奶牛乳腺发育影响较大，乳腺细胞对多个日粮营养成分和对日粮诱导的某些代谢变化敏感性较高，营养素通过调节这些代谢过程调控乳腺的生长发育。日粮营养水平还可通过调控乳房脂肪垫的脂肪微环境影响乳腺实质发育。乳腺细胞基因表达过程受到日粮中营养水平的影响，生物体的新陈代谢、生长和细胞分化会发生一系列改变。Piantoni 等对犊牛乳腺实质和脂肪垫发育相关的 13 000 个基因进行评估，发现超过 1 500 个基因受到营养素摄入水平的影响而发生差异表达。

乳腺的发育受到机体内激素和细胞因子的调控，同时也受到神经系统的调节。日粮营养素可通过改变血液相关激素和作用因子水平间接调控乳腺发育。采食高营养水平日粮可显著降低血清 GH 含量，提高 PRL、INS 和 GC 浓度；乳腺分泌组织发育与血清 GH 浓度为正相关，与 PRL 含量为负相关，并且当 GH、INS 和糖皮质激素（GC）浓度发生改变时，对乳腺分泌组织不会产生负影响。有研究表明，奶牛初情期前采食过高营养水平日粮会影响乳腺发育，可能是因为高营养水平降低了血清 GH 的浓度。

参考文献

封元，马吉锋，洪龙，等 .2015. 西杂母牛哺乳期不同营养水平对犊牛生长发育的影响［J］. 黑龙江畜牧兽医，19：11-15.

哈利，何彦春 .2015. 张掖市百万头肉牛基地犊牛腹泻原因调查及防治措施［J］. 中国牛业科学，41（5）：6-8.

何飞 . 鲁西牛［N］. 山西科技报，2002-02-21（2）.

姜海波 .1997. 犊牛剪除副乳头，去角的方法［J］. 农村实用科技信息（6）：24.

李辉，刁其玉 .2005. 哺乳犊牛的消化特点与蛋白质需要［J］. 中国饲料（21）：25-27.

李媛，刁其玉，屠焰 .2017. 超声波技术探测后备母牛乳腺发育的研究进展［J］. 中国乳业（11）：47-51.

刘正伦，唐宗南，蒋炯琳 .1984. 犊牛乳腺生长发育和外貌性状与产乳量的相关研究［J］.

中国奶牛（1）：8-14.

罗汉鹏，武俊达，邱文卿，等.2016. 奶牛乳头长度与泌乳性能相关性的初步探究［J］. 畜牧与兽医，48（6）：67-69.

王锦荣，占今舜，郭静，等.2015. 不同精粗比对犊牛组织中 PepT1 和 PHT1 及 PHT2 表达的影响［J］. 中国畜牧杂志，21：24-28.

王立斌.2013. 在饲喂开食料的基础上补饲苜蓿对犊牛胃肠道发育的影响［D］. 北京：中国农业大学.

王永超，姜成钢，崔祥.2013. 添加颗粒料对小牛肉用奶公犊牛生长性能、屠宰性能及组织器官发育的影响［J］. 动物营养学报，25（5）：1 113-1 122.

赵会利，曹玉凤，高艳霞，等.2014. 纳豆芽孢杆菌对断奶犊牛生长性能和血液生化指标的影响［J］. 中国畜牧杂志，17：66-69.

赵晓静，李建国，李秋凤，等.2007. 不同营养水平代乳粉对犊牛生产性能和腹泻率的影响［J］. 动物营养学报，19（2）：124-128.

Capuco A V，Choudhary R K，Daniels K M，et al. 2012. Bovine mammary stem cells：cell biology meets production agriculture［J］. Animal，6（3）：382-393.

Caruolo E V，Mochrie R D. 1967. Ultrasonograms of Lactating Mammary Glands 1，2［J］. Journal of Dairy Science，50（2）：225-230.

DeNise S K，Robison J D，Stott G H，et al. 1989. Effects of passive immunity on subsequent production in dairy heifers［J］. Journal of Dairy Science，72：552-554.

Donoho H R. 1955. Association of immature bovine udder evaluations and subsequent milk and butterfat production［D］. Ohio：The Ohio State University.

Donovan G A，Dohoo I R，Montgomery D M，et al. 1998. Associations between passive immunity and morbidity and mortality in dairy heifers in Florida［J］. Preventive Veterinary Medicine，1998，34：31-46.

Faber S N，Faber N E，McCauley T C，et al. 2005. Case Study：Effects of colostrum ingestion on lactational performance［J］. Professor in Animal Science，21：420-425.

Jones C M，James R E，Quiqley J D，et al. 2004. Influence of pooled colostrum or colostrum replacement on IgG and evaluation of animal plasma in milk replacer［J］. Journal of Dairy Science，87：1 806-1 814.

Mike VanAmburgh，Fernando Soberon，曹志军，等.2016. 犊牛营养与管理对其终生生产性能的影响［J］. 中国奶牛，310（2）：45-50.

Piantoni P，Daniels K M，Everts R E，et al. 2012. Level of nutrient intake affects mammary gland gene expression profiles in preweaned Holstein heifers［J］. Journal of Dairy Science，95

（5）：2 550-2 561.

Robinson J D, Stott G H, DeNise S K. 1988. Effects of passive immunity on growth and survival in the dairy heifer ［J］. Journal of Dairy Science, 71：1 283-1 287.

Ruberte J, Carretero A, Fernández M, et al. 1994. Ultrasound mammography in the lactating ewe anits correspondence to anatomical section ［J］. Small Ruminant Research, 13（2）：199-204.

Soberon F, Raffrenato E, Everett R W, et al. 2012. Early life milk replacer intake and effects on long term productivity of dairy calves ［J］. Journal of Dairy Science, 95：783-793.

Whitlock B K, Vandehaar M J, Silva L F P, et al. 2002. Effect of dietary protein on prepubertal mammary development in rapidly growing dairy Heifers ［J］. Journal of Dairy Science, 85（6）：1 516-1 525.

第三章　母牛的产前准备及护理

第一节　母牛的基本繁殖信息

一、母牛的性成熟和排卵

当母牛发育到一定阶段，生殖器官基本已经发育完全，开始产生具有受精能力的卵子，同时性腺能分泌激素促使母牛发情，这一时期即为母牛的初情期或是性成熟期。性成熟的年龄受到品种、营养、气候环境和饲养管理等多种因素的影响。其中母牛的体重是影响性成熟时间的主要因素。一般母牛性成熟的年龄为8~12月龄。虽然牛体达到了性成熟，但牛体的其他组织器官尚未发育完全，未达到体成熟，所以不适宜配种。

体成熟是指牛体的骨骼、肌肉和内脏各器官已基本发育完成，而且具有了成年牛固有的形态结构。一般母牛的体成熟年龄为18~24月龄，其体重达到成年体重的65%~70%。可见母牛的体成熟远迟于性成熟。在日常的生产实践中，母牛应在体成熟后进行配种，过早的配种会影响母牛正常的发育，但过晚的配种会减少母牛的产犊头数，从而影响经济效益（表3-1）。

表3-1　青年母牛初次配种的理想体重和年龄

品种	体重（kg）	年龄（月）
荷斯坦牛	340	15~16
瑞士褐牛	340	15~16
娟姗牛	225	13~14
安格斯牛	250	13~14
夏洛莱牛	330	14~15

二、发情与发情周期

发情是母牛发育到一定年龄时所表现的一种周期性的性活动现象，它主要受卵巢活动规律控制。随着卵巢的每次排卵和黄体形成与退化，母牛整个机体，特别是生殖器官会发生一系列变化。

出现初情期后，除了母牛妊娠和产后一段时间外，正常母牛则每隔一定时期便开始下一次发情。发情周期是从这一次发情开始到下一次发情开始的时间间隔，普通母牛平均为 21 d，其变化范围为 19~24 d，一般青年母牛比经产母牛的发情期要短。不同牛种的发情持续期、发情周期和产后发情期不同（表3-2）。

表 3-2　不同品种母牛的发情时间及发情周期

牛种	发情持续期（h）	发情周期（d）	产后第一次发情时间（d）
黄牛	30（17~45）	21（19~24）	58~83
奶牛	18（13~26）	21（20~24）	30~72
肉牛	16~18	21（20~24）	46~104
水牛	25~60	21（16~25）	42~147
牦牛	28~44	18~25	—

发情周期中生殖道的变化和性欲的变化都与卵巢的变化有直接的关系。发情周期通常可分为 4 个时期：发情前期、发情期、发情后期和休情期。

产后发情是指母牛产犊后，经过一定的生理恢复期，又会出现发情。产后生理的恢复包括卵巢功能、子宫形态和功能，以及内分泌功能等的修复。产后的一段时间，由于卵巢黄体退化迟缓，促性腺激素分泌较少，卵巢上卵泡不能充分发育。荷斯坦牛产后第一次排卵时间平均在产后 16.5 d，但没有发情症状。大多数牛在分娩 30 d 后可以观察到明显的发情症状。高产奶牛、体弱母牛、难产母牛或有产科疾病的母牛产后第一次出现发情或排卵的时间要迟一些。牛的繁殖能力具有一定的年限，繁殖能力消失的时期，称为繁殖能力停止期。繁殖年限的长短与牛的品种、饲养管理、环境条件和健康状况有关。母牛一般产犊数为 9~11 胎，13~15 年，公牛为 5~6 年。

三、妊娠和分娩

妊娠是指母牛从受孕到分娩的生理过程，是母牛的特殊生理状态。妊娠期的长短，依品种、年龄、季节、饲养管理、胎儿性别等不同而产生差异。一般早熟品种的妊娠期较短，奶牛比肉牛短，黄牛比水牛短，怀母犊比怀公犊短，冬春季节分娩时间较夏秋季节长，饲养管理条件差的母牛妊娠期长（表3-3）。

表3-3　不同品种母牛的妊娠期时间

品种	平均妊娠期（范围）（d）
荷斯坦牛	278.0（275~282）
娟姗牛	279.0（277~280）
婆罗门牛	285.0（280~290）
牦牛	256.2（250~275）
短角牛	283.0（281~284）
夏洛莱牛	287.5（283~292）
安格斯牛	278.4（256~308）
西门塔尔牛	279.0（273~282）
利木赞牛	292.5（292~295）
水牛	310.0（300~320）

妊娠诊断是判断母牛是否妊娠的一项技术。及早判断母牛的妊娠，可以防止母牛空怀，提高繁殖率。经过妊娠诊断，对未妊娠母牛找出未孕原因以便采取相应技术措施，并密切注意下次发情，搞好配种；对已受胎的母牛，须加强饲养管理，做好保胎工作。一般有外部观察法、直肠检查法和超声波诊断法。

第二节　围产期奶牛

奶牛围产期是指奶牛分娩前后的一个月时间，它包括妊娠后期和泌乳初期。由于奶牛在这一阶段生理方面发生了较大变化，抵抗力下降，稍有不慎极易患病，甚至会影响到整个泌乳期的产奶量，从而影响犊牛的生长发育。

一、奶牛围产期的生理特点

在奶牛分娩前15 d内，胎儿快速生长发育，其所需营养的增加，引起母体养分减少，同时因接近临产，母体内分泌等发生急剧变化，引起母体产前不适，生殖器官易受细菌感染。干物质采食量（dry matter intake，DMI）从占体重的

2%下降到占体重的 1.4%（产前 3 d 尤为明显），能量和蛋白摄入减少。所采食的主要是高纤维日粮，此时瘤胃中的微生物主要是纤维分解菌，分解产物甲烷会使瘤胃乳头变短。在奶牛分娩后 15 d 内，产奶量迅速增加，需要大量的营养物质来满足产奶的需要。由于在分娩期受到应激、疼痛、激素分泌改变的影响，导致分娩后的一段时期，奶牛干物质摄入量一直上不来，并保持在较低水平，而此时的能量和蛋白需求在逐步增加，进而产生了奶牛在能量和蛋白的需求与供给上的不平衡。正是由于产后泌乳高峰的到来先于干物质摄入高峰的到来，使机体处于能量负平衡和低血钙这样一种营养应激状态。产后母牛子宫宫颈未完全关闭，恶露滞留，为细菌的侵入和繁殖提供有利条件，又因奶牛分娩过程体力消耗严重，抵抗力降低，导致奶牛体况下降，产奶量下降，发生产乳热、酮病、乳腺炎等代谢性和感染性疾病。围产后期的奶牛采食逐渐向高精料日粮过渡，此时瘤胃中的微生物主要是淀粉分解菌，分解产物丙酸和乳酸会使瘤胃乳头逐渐变长。

二、奶牛围产期的生理代谢变化

1. 内分泌变化

奶牛在围产期要经历"干奶—分娩—泌乳"这个重要过程，进入妊娠末期，奶牛的内分泌发生巨大改变而引起一系列生理和代谢变化（如刺激泌乳、葡萄糖合成和肝糖元分解增加、脂肪动员供能增加、体蛋白代谢增加以及矿物质元素和维生素的吸收利用变化等），从而为分娩和泌乳做好准备。高水平的孕酮有利于维持奶牛的妊娠，在妊娠 250 d 之内最高浓度可达到 8 ng/mL，而在分娩前 1 天，可降到几乎无法检出的水平，从而刺激泌乳。在妊娠早期血浆雌激素（主要是胎盘分泌的雌酮）维持在相对较低的水平，到妊娠中期上升至 300 pg/mL，并持续至妊娠第 240 d，在分娩前一周，血浆雌激素浓度上升达到 2 000 pg/mL，临近分娩时浓度又迅速提高，可高达 4 000~6 000 pg/mL，雌激素分泌增加可抑制奶牛食欲而降低干物质摄入量，但在分娩后会立即下降。泌乳开始前，催乳素的作用是刺激乳腺发育，在分娩前 1~2 d 其分泌迅速提高，可促进初乳在分娩前的迅速合成，同时对维持奶牛整个泌乳周期的泌乳具有极其重要的作用。血浆皮质醇在分娩前 3 d，至分娩再到分娩后 1 d，其水平从 4~8 ng/mL 上升到 15~30 ng/mL，分娩后第 2 d，即恢复到正常水平，其变化与分娩时奶牛血糖升高有关。能够调节血糖水平的胰高血糖素和胰岛素在妊娠末期和泌乳初期下降。生长激素在奶牛妊娠末期分泌增加，对奶牛的泌乳具有一定的刺激作用。兼有促进泌乳和刺激生长激素分泌作用的甲状腺激素水平在妊娠末期逐渐提高，分娩时下降至50%，分娩后开始回升。

2. 瘤胃功能变化

反刍动物无法直接利用单糖，而是靠瘤胃微生物发酵碳水化合物产生的乙酸、丙酸、丁酸等挥发性脂肪酸（volatile fatty acids，VFA）供能，但这些VFA的产量和比例决定于日粮结构和组成、瘤胃pH值以及瘤胃微生物的数量和种类。进入干奶期，奶牛日粮结构变为以粗饲料为主，能量低，中性洗涤纤维（neutral detergent fiber，NDF）含量高，易消化淀粉的比例减少，造成瘤胃内产乳酸菌（如乳酸杆菌和牛链球菌）减少，乳酸生产量急剧减少，进而导致分解乳酸为VFA的菌群（主要是反刍兽新月形单胞菌和埃氏巨型球菌）数量减少，此时刺激瘤胃乳头状突起生长的主要物质丙酸合成亦减少，最终导致瘤胃乳头状突起的萎缩和瘤胃黏膜对VFA的吸收能力下降，在干奶后一个月内瘤胃吸收面积丧失高达50%。此外，高纤维含量的日粮增加了瘤胃内纤维消化菌的数量，但同时也促进了甲烷产生菌的生长，导致瘤胃内能量的流失，降低了日粮能量利用率。日粮的改变可在7~10 d内快速改变瘤胃内微生物菌群结构，而瘤胃乳头的充分生长需要一个月左右，因此，产后直接饲喂高精日粮使得对高淀粉日粮适应很快的产乳酸菌快速繁殖而产生大量乳酸，而乳酸分解菌对日粮变化适应较慢，致使瘤胃内乳酸累积（正常状态下瘤胃内仅有少量的乳酸），瘤胃pH值急剧下降，加之瘤胃乳头未充分生长，不能有效快速吸收VFA，导致瘤胃pH值进一步降低而引发瘤胃酸中毒。当pH值小于6.0时，奶牛DMI及日粮中纤维消化率降低，瘤胃内原虫和许多其他瘤胃微生物失去活性，甚至死亡，瘤胃内微生态平衡被破坏，从而引发健康问题。因此，围产期奶牛需做好日粮过渡，以缓慢调节瘤胃内微生态平衡，减少因日粮改变带来的隐患。

3. 能量代谢变化

妊娠后期胚胎快速生长引起母牛腹部机械增压而压迫瘤胃，加之生理激素改变抑制食欲，日粮更换突然改变瘤胃微生态平衡等，这些因素都导致奶牛在围产期的DMI急剧下降，由于妊娠后期胎儿的迅速生长和分娩后的泌乳需要，机体对能量的需求急剧增加，从而导致奶牛出现严重能量负平衡（negative energy balance，NEB），这是一种营养应激。在围产期，奶牛DMI逐渐下降，尤其是分娩前一周，DMI可急剧下降30%（从占体重的2%可降到1.4%）。而分娩后开始泌乳，乳中的乳糖是由葡萄糖转化而来（每产奶20 kg就需要1.24 kg葡萄糖），约有 50% 的葡萄糖是来自丙酸在肝脏中异生，而此时 DMI 摄入严重不足（在产后 10~14 周，DMI 才能到达高峰），因此，围产期奶牛需动员体脂来弥补机体的能量负平衡。奶牛在泌乳后期和围产前期所储存的体脂在激素敏感脂肪酶（hormone sensitive lipase，HSL）的作用下逐步分解成甘油和脂肪酸，后者进一步代谢成酯酰 CoA，一方面经 β 氧化生成大量酮体，当酮体产生超过机体利用而蓄积到一定程度时便引发酮病；另一方面酯酰 CoA 在肝脏中再酯化成甘油三酯（triglyceride，TG），并以脂肪微粒形式贮存于肝脏细胞质中，可被肝脏中有限的溶酶体脂酶水解，产物可被氧化或再酯化，但主要是以极低密度脂蛋白（very low density lipoprotein，VLDL）的形式转运出肝脏而被外周组织利用，当 VLDL 合成受阻或不足时，过剩的 TG 便在肝细胞中发生浸润，从而引发脂肪肝。因此，低血糖、非酯化脂肪酸（nonesterified fatty acid，NEFA）和高血酮是奶牛能量负平衡的主要血液生化特征。

4. 血钙变化

在妊娠期，奶牛体内钙的输出途径主要是用于胎儿生长和通过粪便排泄，每日消耗 10~12 g 的内源钙，这些钙可通过奶牛机体自身调节弥补，无须额外补充更多的钙。但在分娩时，钙的代谢非常迅速，极易造成钙代谢失调。分娩后初乳中约含有 2.3 g/L 的钙，10 L 初乳就需钙 23 g，相当于奶牛自身血钙储量的 9 倍。分娩后持续泌乳对钙的高需求必将动员机体的血钙储备，同时也会通过增加骨骼钙动员和肠道中钙离子吸收来弥补高钙需求。然而，在分娩后，奶牛肠道吸收和骨骼钙动员机制尚未完全建立，加之分娩前后日粮结构改变，瘤胃消化能力不足，以及 DMI 降低等因素，致使从肠道中吸收的钙难以弥补分娩和泌乳对钙的高需求，从而导致细胞外和血浆钙浓度的急剧下降而引发低血钙症。据研究表明，围产期约有一半以上的奶牛会出现不同程度的低血钙。如果血钙浓度过低就会损坏机体的神经传递和肌肉收缩功能，最终导致奶牛分娩时子宫收缩无力和分娩后出现产后瘫痪等现象。

5. 免疫力变化

围产期奶牛历经生理和代谢等多方面应激，缺乏维持奶牛免疫系统功能的营养物质，致使奶牛免疫功能受到抑制，机体抵抗能力减弱。围产后期奶牛对外界的免疫反应降低，非特异性免疫反应发生改变，包括抗体数量和浆细胞的产生减少，淋巴细胞增殖的数量减少，嗜中性粒细胞的功能降低。分娩期间，维生素 A 和维生素 E 的浓度分别下降约 38% 和 47%；而具有免疫抑制作用的激素，如孕酮、雌激素和糖皮质激素等在分娩前和分娩期间升高。能量负平衡导致的活性氧化代谢物增多而引发不正常的氧化反应也是降低免疫功能的主要因素之一。分娩前后日粮更换产生应激，使得 DMI 下降以及蛋白能量、维生素和矿物质元素摄入不足，进而导致机体免疫功能下降。

三、围产期奶牛的主要疾病

1. 脂肪肝和能量负平衡

脂肪组织中脂肪酸动员以供应泌乳的营养需求，这是大部分哺乳动物体内由内分泌系统严密调控的一种本能生理现象。然而，奶牛血液中 NEFA 浓度的增加导致肝细胞内 TG 的积累和肝功能的损伤。肝脏的脂肪浸润对于奶牛生产性能影响非常大，因为代谢所需的葡萄糖大约 85% 来自肝脏。并且，肝脏在能量的合成与代谢、分娩以及免疫各方面都处于关键位置。

事实上，在整个干奶期维持高纤维或低能量饲料对奶牛是有利的。可以使用饲料添加剂预防脂肪肝，如丙二醇和瘤胃保护胆碱。丙二醇阻止脂类分解，而胆碱促进肝脏脂肪酸以低密度脂蛋白的形式输出。因为它们作用的模式不同，所以它们可以协同组成一个有效的供能机制。许多研究证明，对于脂肪肝的发生，奶牛的管理（牛群的变换、饲料变更等）可能是比营养更重要的因素。营养和管理与围产期奶牛脂肪肝的发生显著相关，泌乳后期的饲喂和储能情况也很重要，因为干奶期过肥的奶牛比较瘦的奶牛在产犊前动员更多的脂肪组织。

2. 临床和亚临床低钙血症

临床和亚临床低钙血症是奶牛常见多发病，二者与奶牛许多围产期疾病的发生有关。与低钙血症相关的疾病包括难产、子宫脱出、皱胃变位、酮病以及免疫抑制。临床低钙血症的发病率为 3.5%~7%。其中亚临床低钙血症的发病率为 33%，乳热的发病率为 5%。同样，大约 50% 的老龄奶牛存在亚临床低血钙症，随泌乳次数的增加，乳热的发病率也增加，可达 9%。目前，强调饲料阴阳离子差（dietary cation-anion difference，DCAD）在预防产乳热上的作用。

据报道，除了饮食中的镁浓度外，饮食中钙和磷的水平对产乳热的发生也有影响。干物质（dry matter，DM）的钙浓度在 1.1%~1.3% 时，产乳热发病的概率最高，同时饲料中磷的浓度超过需求也能增加产乳热发生的风险。有报道指出，饲料暴露时间过长会降低饲料中阴阳离子差值，高钙饲料可以缓解这种状况。增加分娩奶牛饲料的暴露时间会增加产乳热发病率，高钙饲料可以很好地预防产乳热的发生。

3. 亚急性瘤胃酸中毒（subacute ruminal acidosis，SARA）

据报道，在美国，19%的奶牛在泌乳早期和26%的奶牛在泌乳中期发生SARA。近期澳大利亚和爱尔兰研究者的数据表明，10%~15%的SARA主要发生在以黑麦草为主要牧草的放牧奶牛中。SARA在病因学上与泌乳时的蹄叶炎、食欲减少且不定、体况差、奶低脂综合征、后腔静脉综合征、皱胃变位/溃疡、瘤胃炎、免疫抑制和发炎有关。泌乳早期的奶牛和干物质摄入高峰期的奶牛最易发生SARA；泌乳早期的奶牛由于瘤胃吸收减少、瘤胃微生物群系失调以及高能饲料大量摄入会造成SARA。

4. 氧化应激、抗氧化剂和免疫

与围产期管理不当相关的感染性疾病，如乳腺炎，发生的原因之一是奶牛发生过围产期免疫抑制。免疫抑制的程度可以被各种因素加剧，例如能量负平衡、低钙血症以及皮质醇循环水平的增加等。另外，受到妊娠晚期需求限制的奶牛，在生产或者泌乳高峰时易发生氧化应激或者生成代谢性活性氧。免疫细胞对氧化应激非常敏感，细胞膜上有高浓度的易被过氧化的多不饱和脂肪酸，当受到刺激时，它们生成大量的代谢性活性氧。在奶牛代谢性活性氧的产生增加时，几种微量元素和维生素可能对维持合适的抗氧化平衡起作用。这些可能有用的微量元素包括铜、硒、锌、铬。另外，维生素 E 和 β-胡萝卜素也有抗氧化的作用。

大量研究数据表明，这些微量元素和维生素可以减少围产期奶牛乳腺炎和胎衣不下的发病率。例如，在妊娠最后的9周内添加铬增补剂可以显著降低胎衣不下的发病率。在泌乳期第34 d用大肠杆菌感染乳腺细胞，从产前60 d到产后42 d给奶牛补充铜，其牛奶中大肠杆菌和体细胞的量、临床得分、直肠温度均比未添加组低。维生素对乳腺炎和胎衣不下的作用已经被 Weiss 和 Miller 等证实。β-胡萝卜素也是如此，作用效应依赖于增补的维生素 E 或者 β-胡萝卜素/维生素 A 的情况。特别是在干奶期饲喂奶牛干草、苜蓿和谷物秸秆的储存饲草时，血浆维生素 E 和 α-生育酚的浓度会降低。对于微量元素，增补的形式会很大程度地影响增补剂在消化系统的吸收。使用螯合技术生产的一种电中性微量元素增补剂，可能增加吸收量，避免消化系统内矿物质的相互作用的消极影响，这是矿物质阴离子在到达小肠绒毛的稳定水化层和阴离子黏液层造成的。很多报道指出，与无机非螯合微量元素增补剂相比，有机螯合微量元素增补剂添加后，能通过减少体细胞数增强奶牛体质。

5. 分娩和子宫健康

产后胎衣不下和子宫感染都是奶牛围产期免疫力降低的表现。而且，胎衣不下与产前 NEFA 水平升高和饲料摄入减少有关，最恰当的预防是增加围产期奶牛健康和提高免疫力等。在处理子宫感染时，要区别产后不久恶露正常排出的奶牛和直肠温度升高、饲料摄入减少、有胎衣不下病史以及子宫收缩缓慢的奶牛。胎衣不下可以影响 5%~10% 奶牛的产犊并且增加发生子宫炎和子宫内膜炎的危险。临床上，子宫内膜炎影响 15%~20% 的产后 4~6 周的奶牛；另外 30%~35% 的产后 9 周的奶牛有亚临床子宫内膜炎发生。一般来说，治愈子宫内膜炎可以提高怀孕率。对于控制奶牛临床和亚临床子宫内膜炎的发病率，可在大约产后 35 d 和 49 d 时注射两次前列腺素并用抗生素治疗感染的奶牛，其他方法效果不明显。子宫感染和胎衣不下的最主要后果是造成生产性能降低，这是造成国内外许多养殖场经济损失的一个关键因素。

奶牛产前 1~2 周和产后 2~3 周，免疫功能受到抑制。围产期奶牛免疫系统受损的确切机制目前还不清楚，除了分娩前后奶牛能量、维生素、矿物质摄入减少，能量负平衡和机体脂肪、蛋白质的动员，怀孕后期孕酮和雌激素水平的剧烈变动，以及在产犊时皮质酮大量产生时的促进作用外，泌乳时激素和能量也在免疫抑制方面发挥一定作用。严重能量负平衡的奶牛在一些免疫功能上具有更加明显的抑制作用。患胎衣不下和子宫炎的奶牛在疾病发生前几周对免疫功能损害更加严重。

胎衣不下是在产后 24 h 内胎衣不能及时排出，很多学者将胎衣不下定义为 12 h 内或者 24 h 内胎衣不能及时排出，奶牛一般在 24 h 之内就会排出，而且 95% 的牛在 12 h 之内就会排出。一旦发生胎衣不下，胎衣平均保留 7 天，可能导致子宫细菌感染及功能退化。导致胎衣不下的因素有双胞胎、难产、死胎、助产分娩、流产、产乳热症以及年龄增大和季节冲突因素等。导致胎衣不下的关键在于分娩后绒毛与肉阜粘连不能及时分离，子宫缺乏运动性导致胎衣不下。奶牛产前处于能量负平衡状态时，血液中含有高浓度的游离脂肪酸，导致 80% 的奶牛患胎衣不下，同样因为游离脂肪酸的影响，当血液中维生素 E 浓度低时更容易患胎衣不下。近亲交配也可能导致免疫应答能力降低，有证据显示患胎衣不下的奶牛与正常牛比较，在产前 2 周和分娩时，白细胞（尤其是嗜中性粒细胞）数量、趋化性、氧化爆发能力以及白介素-8（interleukin-8，IL-8）浓度明显下降。最近发现细胞内的钙离子在奶牛的免疫功能方面起着重要作用，低钙血症和免疫功能之间可能存在着相关性。这种联系不仅仅体现在由于低血钙而导致子宫收缩能力降低，也可以解释产乳热和胎衣不下之间的关系。

许多研究发现在产后初期子宫一般都会被细菌感染，80%～100%的奶牛产后前2周都会有子宫细菌感染。在产后前2周，化脓棒状杆菌、埃希氏杆菌属、假单胞菌、链球菌、葡萄球菌、巴斯德菌、梭菌和拟杆菌的一种或多种在子宫内都可出现，健康奶牛产后3～4周子宫内细菌数量和种类基本上减少到最低。产后子宫细菌的增生决定于细菌种类和产犊间隔，与慢性子宫炎症相关的细菌是化脓杆菌。最近的研究显示，产后1周子宫感染由大肠杆菌主导，化脓杆菌在第2周起着主导作用，随后导致子宫内膜炎。3周后在化脓杆菌的作用下，阴道开始排脓、持续性感染、子宫内膜组织炎症加重和损害生产性能。这些感染导致子宫发炎，子宫复旧延迟以及降低生育力。最近的研究报道指出，子宫内细菌病原体的大量滋生会导致第一主导淋巴结变小，这会在排卵时导致黄体酮浓度降低。子宫炎是导致全身症状的子宫炎症，包括发热、红棕色子宫发臭排泄物、反应迟钝、食欲不振、心跳加快以及生产性能降低等。这些症状基本上在产犊后7 d发生。采食量和奶牛的状况与子宫炎的发生有一定关系。患严重子宫炎的奶牛在有临床症状之前比正常牛进食量少2～6 kg。在患子宫炎的牛中，一般是大肠杆菌和各种厌氧细菌混合感染。子宫炎的最大危险因素是胎衣不下，但是其他的能减少进食量和降低免疫力的因素也会增加子宫炎的发生危险性。被感染的奶牛病情逐渐加重，因此患子宫炎的牛需要进行系统性的抗生素治疗。有数据表明，1 mg/kg的头孢噻呋可以作为子宫内大肠杆菌的治疗浓度。从最近的研究来看，理想的治疗时间是在产后5～10 d，可使67%～77%的病牛退烧和排出恶露。对于防治随后相关的疾病（如皱胃移位）暂时还缺少有效的数据。奶牛的精神状态和食欲的变化可以作为进一步筛选检查时的指标之一。子宫内膜炎是不伴有全身症状的子宫炎症，以黏膜化脓、慢性子宫细菌感染和子宫排出恶露为特点，多在产后3周后发生。子宫内膜炎可以引起受孕率降低、增加治疗费用、生产性能降低等。研究报道指出，患子宫内膜炎的奶牛怀孕率降低27%，平均增加空怀期32天，比未得子宫内膜炎的奶牛由于生产性能低下导致的淘汰率高出1.7倍。

四、围产期奶牛的健康管理

1. 围产期奶牛的营养需要

奶牛在围产期的营养需求也发生较大变化。胎儿的生长主要在妊娠后期完成，此时也需要较多的营养物质，但营养过剩或不足都不利于胎儿发育和母体健康，因此围产期奶牛的日粮配制要分阶段进行，要综合考虑奶牛在各阶段的DMI、能量、蛋白、矿物质元素以及维生素的需求，要及时调整、合理供应，以保证奶牛健康地度过围产期。围产期奶牛的营养需求分为围产前期和后期，其营养成分如表3-4（http：//www.docin.com/p-426452939.html）。

表3-4   围产期奶牛的营养需求

项目	围产前期	围产后期	项目	围产前期	围产后期
DMI（kg）	>10	>15	Se（mg/kg）	3	3
NEL（Mcal/kg）	1.40~1.60	1.70~1.75	Cu（mg/kg）	15	20
CP（%）	14~16	18	Co（mg/kg）	0.10	0.20
NDF（%）	>35	>30	Zn（mg/kg）	40	70
NFC（%）	>30	>35	Mn（mg/kg）	20	20
Fat（%）	3~5	4~6	I（mg/kg）	0.60	0.60
Ca（%）	0.4~0.6	0.8~1.0	VA（IU）	85 000	75 000
P（%）	0.30~0.40	0.35~0.40	VD（IU）	30 000	30 000
Mg（%）	0.40	0.30	VE（IU）	1200	600

2. 合理调整饲喂方式

总的原则是要保持精粗料平衡，控制钙盐含量。

（1）精料的饲喂量可按干奶期的标准饲喂，以每天3~5 kg为宜，但具体用量还应因奶牛自身实际情况而定，最大饲喂量不可超过奶牛体重的1%。过多地饲喂精料，不但增加了饲料成本，而且还会引发难产、酮病等疾病。对乳房变化不大、体型偏瘦的奶牛，可适当增加一些精料，但要防止催奶过急。

（2）产前15 d内食盐的投喂量要由原来的每天100 g下降到50 g，转入产房后，也要适当降低食盐的用量，以促进奶牛产后食欲的恢复。

（3）对产前15 d的奶牛要实行低钙日粮喂养，使奶牛日粮中的钙含量减至平时的1/3~1/2，加速奶牛骨骼中的钙质向血液转移，有效防止产后麻痹的发生。

3. 完善奶牛管护措施

（1）奶牛进入围产期后，有条件的养殖户要设立产房，产床要干燥、通风、安静。

（2）适当增加奶牛产前运动，为分娩做好准备。分娩以自然分娩为主，如需助产，一定要严格消毒。

（3）奶牛产后应立即喂饮益母水或温热红糖水，并将其赶起站立，促进奶牛产后恶露的排出。

（4）在产后 1~2 d 时间内，饲喂玉米面、麸皮等易消化的精料和优质的青干草。对胎衣不下的奶牛，可结合奶牛全身治疗进行子宫处理，防止并发症的发生。同时，要随时观察和监护，尽量减少消化道代谢疾病的发生，做到多产奶、少生病，为产后 60 d 配种做好充足的准备。

4. 科学控制挤奶数量

奶牛产后能否把握好挤奶数量，直接影响着奶牛的身体健康和泌乳机能的发挥，掌握不好容易诱发母牛产后代谢障碍。因此，必须科学控制。一般来讲，在奶牛产后第 1 d，挤奶量应为日产奶量的 1/3。从产后的第 2 d 起，逐渐增加奶牛的挤奶量。待奶牛的泌乳和消化机能基本恢复后，再实现正常挤奶。一般情况下，产后 3~5 d 可恢复正常。这样，能够有效防止奶牛乳热症的发生，促进奶牛产奶量和牛奶质量的提高。

第三节　分娩与产后犊牛护理

一、分娩前准备

分娩前应保持分娩的产房室温在 28℃左右，仔牛保温灯下的温度为 31~34℃，保持相对湿度 65%~75%。产床、保温灯、窗户、地板等保持干净干燥，用生石灰等进行消毒，以减少初生仔牛疾病。减少噪音，保持产房安静。保证良好通风，每天清理粪便，防止有害气体产生和蚊蝇滋生。及时清除母牛腹部、乳房、阴户周围的污物，并用消毒液清洗。准备好产犊记录工具。

母牛分娩时，如果忽视护理，又缺乏必要的助产措施和严格的消毒卫生制度，就可能会造成母牛的难产、生殖器官疾病、产后长期不孕或犊牛死亡，严重者造成母牛死亡或丧失繁殖能力。随着胎儿发育成熟，到临产前，母牛在生理上发生一系列变化，以适应排出胎儿和哺乳的需要。根据这些变化，可以估计分娩时间。

分娩的预兆有：

（1）在分娩前乳房发育比较迅速，体积增大，常有水肿，临产前乳头也膨起，充满初乳。

（2）在分娩前约1周，阴唇开始逐渐肿胀、松软、充血、阴唇皮肤上的皱纹逐渐展平。

（3）阴道黏膜潮红。子宫颈在分娩前1~2 d开始肿胀、松软、子宫颈内黏膜栓变稀，流入阴道，从阴门可见透明黏液流出。

（4）荐坐韧带在临近分娩时开始松弛。在分娩前1~2周时开始软化；产前12~36 h荐坐韧带后缘变得非常松软，荐骨可以活动的范围增大，尾根两侧凹陷。

（5）据研究，母牛临产前4周体温逐渐升高，在分娩前7~8 d高达39~39.5℃，但临产前12 h左右下降0.4~1.2℃。

（6）临产前母牛表现不安，食欲减退或停食；前肢搂草，常回顾腹部；频频排尿排粪，但量少；举尾，坐立不安。应有专人看护，做好接产和助产准备。

二、接产和助产时的注意事项

接产过程中容易造成母牛产道损伤和胎儿的接产死亡，为了提高犊牛出生存活率和降低母牛产后损伤，应规范接产操作流程。接产时应先以0.1%的高锰酸钾药液对外阴及周围体表和尾根部进行消毒。观察胎儿体位，若胎儿是两前肢夹着头部先出来，蹄底朝下的正常胎儿位，胎儿可自然分娩。分娩时间头胎牛不超过2 h，经产牛不超过90 min，如果超出此时间应考虑助产。如果有胎儿胎位不正，骨盆狭窄，母牛产力不足等现象即为难产。母牛难产应及时助产并注射催产素，助产原则先保母子平安，不可兼顾时，只保母牛。助产时应注意：胎位不正时将胎儿推回腹中矫正，严禁强拉硬拽，以免损伤产道；骨盆狭窄往往使犊牛窒息死亡，可采用截胎术；母牛产力不足时用消毒绳系住胎儿两前肢，再用助产器缓慢拉出。胎位正常时，尽量让其自由生产。

三、产后犊牛护理

母牛分娩的持续时间，从子宫颈开口到胎衣排出，平均为9 h，这段时间内必须加强对母牛的护理。在整个过程中，要注意观察母牛的子宫阵缩和努责情况。分娩时，一般先露出羊膜绒毛膜囊，在阴门内或阴门外破裂排出羊水，胎儿前肢和唇部就开始露出，随后胎儿的头逐渐露出并通过阴门，尿囊绒毛膜囊破裂，发生第二次破水，流出黄褐色液体润滑产道，整个胎儿排出。

胎儿产出后，经过 4~6 h，胎衣全部排出。因为牛的胎盘是子叶胎盘，属于子包母型，结合紧密，所以排出时间比其他家畜长，而且时常发生胎衣不下的现象。若母牛产犊后胎衣垂出于阴门外或不垂出于阴门外滞留 12 h 以上，称为胎衣不下，应及时请兽医进行药物或人工剥离处理。

犊牛出生后，首先清除初生犊牛口腔及鼻孔内的黏液，以利呼吸。并轻压肺部，以防黏液进入气管，以免妨碍呼吸或引起窒息。如犊牛生后不能马上呼吸，可能是黏液堵塞了气管，应将犊牛倒立使其后肢向上，并用手除去口腔和鼻子周围的黏液。当犊牛已吸入黏液而造成呼吸困难时，可握住犊牛的后肢将牛倒提起并拍打胸部，使之吐出黏液。之后擦净体表黏液，尤其是冬春季节，防止因蒸发而散失热量。如果黏液进了肺脏，犊牛可能立即窒息，为"唤醒"犊牛，可用一桶冷水洗洗犊牛。正常时，母牛会立即舔食而无须进行擦拭。另外，母牛唾液酶的作用也有利于清除黏液，并增加母子气味交流和增进母子感情。随后，脐带往往可以自然扯断，如未断，用消毒剪刀在距腹部 6~8 cm 处剪断脐带，再用5%的碘酒消毒断端，以防感染。断脐一般不结扎，以自然脱落为好。剥去犊牛软蹄，犊牛若想站立，应帮其站稳。然后称重并准确记录，母犊牛还要编号（打耳号，图 3-1），接着饲喂首次初乳，在犊牛舍进行喂养（图 3-2）。

图3-1　带有耳号标记的犊牛

图 3-2 犊牛舍

参考文献

董树华 . 2010. 体细胞克隆牛生产及新生犊牛护理 [D]. 呼和浩特：内蒙古农业大学 .

黄文明 . 2014. 围产前期日粮能量水平对奶牛能量代谢和瘤胃适应性影响的研究 [D]. 北京：中国农业大学 .

黄雅琼，陈静波，石德顺 . 2006. 青年母牛在发情周期中卵泡发育波变化规律的研究 [J]. 中国畜牧兽医，33（12）：54-56.

刘刚 . 2015. 妊娠母牛的接产和助产技术 [J]. 中国牛业科学，42（6）：89-91.

龙森，邢欣，张日和，等 . 2009. 围产期奶牛生产性疾病研究进展 [J]. 中国奶牛（4）：35-38.

莫宏坤 . 2001. 母牛的妊娠诊断 [J]. 广西畜牧兽医（3）：15-17.

莫玉宝 . 2016. 犊牛的护理及饲养管理 [J]. 中国畜牧兽医文摘，32（8）：72.

苏华维，曹志军，李胜利 . 2011. 围产期奶牛的代谢特点及其营养调控 [J]. 中国畜牧杂志，47（16）：44-48.

孙树峰 . 2015. 提高母牛繁殖性能的措施 [J]. 现代畜牧科技（12）：49.

孙永泰 . 2017. 母牛的妊娠和分娩 [J]. 四川畜牧兽医，44（4）：43.

王根林 . 2000. 高等农业院校教材，养牛学 [M]. 北京：中国农业出版社 .

叶耿坪，刘光磊，张春刚，等 . 2016. 围产期奶牛生理特点、营养需要与精细化综合管理 [J]. 中国奶牛，313（5）：24-27.

张克春，谭勋 . 2007. 围产期奶牛葡萄糖、脂肪和钙代谢的研究动态 [J]. 乳业科学与技术，30（2）：92-94.

周贵 . 初生犊牛护理措施 [N]. 吉林农村报，2018-03-09（003）.

左黎明 . 2015. 奶牛场犊牛的护理技术 [J]. 中国畜牧兽医文摘，31（12）：70.

第四章 饮水和乳的饲喂

第一节 初乳的饲喂

奶牛在分娩后，自开始泌乳至停止泌乳的周期称为泌乳期，其间乳汁的成分随时间而发生变化，以适应犊牛的生长发育。奶牛在产犊后最初的 7 d 内生产的乳汁，每天成分变化都很剧烈，称为"初乳"，俗名为"血奶"。牛初乳的质地浓厚，黏度很高，呈橙黄色，味苦，带异腥味。

一、成分

初乳中除含有脂肪、蛋白质、糖、矿物质及多种维生素外，还含有免疫球蛋白、乳铁蛋白、溶菌酶、生长因子等活性物质。第 1 d 初乳的总固形物约 24%，以后逐渐下降，约第 10 d 降至常乳水平。脂肪含量较高，主要为甘油三酯。第 1 d 初乳的脂肪含量约占 6.7%，第 2~5 d 分别下降到 5.4%、3.9%、3.7% 和 3.5%。蛋白质含量较高，主要为酪蛋白和乳清蛋白。酪蛋白占乳蛋白的 80%~82%，包括 α、β、γ 和 κ 等多种类型。乳清蛋白占乳蛋白质的 18%~25%，分为热不稳定和热稳定乳清蛋白。热不稳定的乳清蛋白包括白蛋白、球蛋白（免疫球蛋白）、乳铁蛋白和溶菌酶等。第 1 d 初乳中蛋白质含量为 14% 左右，第 2~5 d 逐渐降低至 8.4%、5.1%、4.2% 和 4.1%。初乳中乳糖含量低于常乳中乳糖含量。第 1 d 初乳中乳糖含量仅为 2.7%，第 2~5 d 逐渐上升至 3.9%、4.4%、4.6% 和 4.7%。矿物质含量高于常乳中矿物质的含量。第 1 d 初乳中矿物质含量约占 1.11%，铁、铜、钙、磷、镁、氯含量极高，以后逐渐下降。维生素的含量非常丰富，一般达到常乳的 3 倍以上。尤其是维生素 A 和维生素 B_2 的含量分别是常乳的 5~6 倍和 3~4 倍，而胡萝卜素的含量则比常乳高出 12 倍以上。随着泌乳天数的增加，维生素的含量逐渐下降，10 d 左右降至常乳水平。

二、生物学特性

（1）初乳中含有大量的免疫球蛋白，是具有抗体活性或化学结构且与抗体相似的球蛋白，主要有免疫球蛋白 G、免疫球蛋白 M、免疫球蛋白 A、免疫球蛋白 D 和免疫球蛋白 E。因为母牛在妊娠期间抗体无法穿透胎盘进入胎儿体内，新生犊牛的血液中没有抗体，新生犊牛只有依靠摄入高质量的初乳才能获得被动免疫能力，抵御病原微生物的入侵。免疫球蛋白 G 和免疫球蛋白 M 可消灭侵入血液的病原微生物。免疫球蛋白 A 随乳汁进入犊牛肠道，不受胃酸和消化酶破坏而黏附于黏膜上，通过黏膜吸收直接进入犊牛血液循环，在经由各系统黏膜上皮细胞分泌分布于其他黏膜。从而防止相应部位感染。黏附于胃肠道上皮的免疫球蛋白 A 也可直接起到抗体作用，防止病原微生物入侵。免疫球蛋白 D 可能与某些变态反应及自身免疫疾病有关。而免疫球蛋白 E 本身没有抗菌、抗病毒活性，免疫作用主要为致敏作用。初乳中免疫球蛋白的含量随时间增加而减少，需尽早饲喂犊牛初乳。

（2）奶牛初乳热稳定性差，加热条件下易导致初乳中免疫球蛋白和生物活性分子变性失活。奶牛产后前 3 d 的初乳混合样在 65℃下 30 min 便会凝固；而当温度达 72℃时，数分钟便会使免疫球蛋白变性失活。因此，在饲喂犊牛初乳时要严格把控初乳温度，控制在不使免疫球蛋白变性的范围内，以保证其质量。

三、饲喂方法

1. 饲喂时间

初乳的饲喂要及时，因为犊牛对牛初乳中大分子抗体的吸收具有时效性。有研究表明，犊牛在刚出生时对大分子抗体的吸收率为 20% 左右，在出生后 6 h 为 10%，出生后 12 h 则为 5%，而在出生 36 h 之后犊牛则不再具有吸收大分子抗体的能力，所以要在犊牛出生后立即饲喂初乳，最佳饲喂时间为犊牛出生后 1 h 之内，最迟不得超过 12 h。目前国内某些牛场采用灌服的方式给新生犊牛饲喂初乳（图 4-1）。

2. 饲喂量

犊牛初乳的饲喂量是有一定标准的，通常以出生时的体重为标准，在犊牛出生的第一个 6 h 内饲喂量为初生重的 8%，即初生体重为 40 kg 的犊牛，初乳的摄入量为 3.2 kg 以上。出生后 1 h 内饲喂量为 2.25~2.5 kg，出生当天饲喂 4 次，

图 4-1　初乳灌服器

每次饲喂量为 2.25~2.5 kg，每次间隔 5~7 h。之后每天饲喂 3 次，持续 4~5 d 后，犊牛转喂正常牛奶。

3. 初乳的保存

优质初乳对犊牛健康有重要影响，为了保证犊牛每次都能吃到高品质的初乳，所以初乳的保存必须受到重视。刚挤下来的初乳，要用初乳测定仪对初乳进行检测，倘若初乳质量不佳，要立即扔掉，不可再饲喂给犊牛。

四、初乳饲喂的注意事项

（1）在饲喂时要先将母牛乳房中的前 3 把奶弃掉，因为其中含有大量的细菌。

（2）饲喂时可以使用带有橡胶奶嘴的奶瓶，犊牛惯于抬头伸颈吮吸奶牛的乳头，是其生理本能的反应。并且在每次饲喂完后都要将饲喂工具进行彻底清洗，以免滋生细菌。

（3）在饲喂初乳时要注意不可饲喂过量，如果初乳的饲喂量超过了犊牛的真胃容积，就会发生倒流而引起犊牛消化紊乱，因此要根据犊牛的体重控制好饲喂量。

（4）挤出的初乳要立即哺喂犊牛，若初乳温度下降，需经水浴加温至 38~

39℃再喂，饲喂过凉的初乳是犊牛下痢的重要原因。相反，初乳热稳定性差，若饲喂的奶温度过高，不仅破坏免疫球蛋白，而且易导致犊牛因过度刺激而发生口炎、肠胃炎等疾病或拒食。

（5）对于体质较弱的犊牛要减少初乳的饲喂量，增加饲喂次数，从而保证其消化的同时，满足其营养需要。

五、饲喂初乳的作用

（1）饲喂初乳可提高犊牛抗病力。新生犊牛免疫系统还未发育完全，不能发生有效免疫应答，血液中也没有能够抵御病原微生物的抗体，通过饲喂初乳，犊牛获得免疫球蛋白，其中主要为 IgG 型抗体，从而获得抵抗病原微生物的能力，可以为新生犊牛提供最初几个月的免疫力。专家学者研究发现，犊牛在出生后 24 h 内血液中的 IgG_1 含量要在 1 000 mg/ml 以上，这是影响新生犊牛存活率的重要因素，而犊牛获得 IgG_1 的最直接途径便是摄取足量优质初乳。

（2）饲喂初乳可提高犊牛存活率。如果初乳蛋白质没有被肠道细胞吸收，细菌就可能占据肠道相应位点并且大量繁殖。如果细菌先于初乳中的免疫球蛋白占据肠道的吸收性位点，犊牛将会由于血液感染细菌而处于更加危险的境地，这种情况通常都是致命的。因此犊牛出生后尽早饲喂初乳是至关重要的。犊牛因吞咽粪便、垫草或者其他被污染的物质而感染疾病的概率，可以通过尽早饲喂初乳且将母牛和犊牛分离的方法来降低。

六、饲喂初乳的非营养性原因

除营养因素外，尽早哺喂初乳的原因为：①初乳中含有多种抗体和一种溶菌酶（溶菌酶能杀灭各种病菌），其中母体抗体能够抵抗所处环境的各种传染病。如 γ-球蛋白可以抑制某些病菌活动；一种 k 抗原凝集素能够抵抗特殊品系的大肠杆菌。喂过初乳的新生犊牛，在 3 周内可有效防止大肠杆菌引起的下痢。初乳的酸度也较高，可使胃酸 pH 值降低，不利于有害微生物的繁殖。另外，初乳进入胃肠还能代替胃肠壁上的黏膜，阻止细菌侵入血液。这是因为初生犊牛胃肠空虚，胃肠壁上无黏膜，对细菌的抵抗力很弱。初乳的摄入还能促进胃肠机能的早期活动，分泌大量消化酶。初乳中含有较多镁盐，具有轻泻排出胎粪的作用。②初生犊牛胃肠道对母体原型抗体的通透性在生后很快开始下降，约在 15 h 就几乎丧失殆尽。在此期间如不能吃到足够的初乳，对于其以后的健康和护理都会造成严重的威胁。③初生犊牛如在生后 10~15 h 内不能及时得到初乳，将会失去吸吮初乳的能力。

第二节 常乳的饲喂

常乳为奶牛产犊 7 d 后所产的奶，其成分相对于初乳趋于稳定，是犊牛从出生第 2 d 至断奶前的主要营养来源，并且是乳制品的主要原料。产后 30 h 初乳与常乳成分比较，仅乳糖含量低于常乳，其他含量高于常乳（其他：酪蛋白、乳清蛋白、总蛋白、乳脂肪、总灰分、Ca、Mg、Zn、Cu、Fe、Na）。

一、常乳的饲喂方法

（一）"五定"原则

通常情况下，犊牛在吃完初乳后 8 h 便可以饲喂常乳。常乳的饲喂采用"五定"原则：定时、定量、定温、定人、定质。

（1）定时：定时是指两次饲喂之间的间隔时间，一般间隔 8 h 左右。首先若饲喂间隔时间太长，下次喂乳时容易发生暴饮，从而将闭合不全的食道沟挤开，使乳汁进入尚未发育完善的瘤胃而引起异常发酵，导致腹泻。但间隔时间也不能太短，如在喂奶 6 h 之内犊牛又吃奶，则形成的新乳块就会包在未消化完的旧乳块残骸外面，容易引起消化不良。其次，饲喂时应注意喂犊牛的奶嘴要光滑牢固，以防犊牛将其拉下或撕破。其孔径应适度，以 2.0~2.5 mm 为宜，可用 12 号铁丝烧烫一小孔，也可用剪子在奶嘴顶端剪一个"十"字。这样就会促使犊牛用力吸吮，促进消化机能的发育。避免强灌犊牛。用桶喂时应将桶固定以防撞翻，因为犊牛天性喜用鼻子向前冲撞来刺激乳腺排乳。再次，保持犊牛饲喂用具的清洁卫生。犊牛喂完奶后必须将其嘴上的残奶用干毛巾擦净，以防产生相互舔吸的恶癖。初生犊牛用奶桶喂奶，3 d 后训练其自饮。奶壶奶桶用完用冷水洗净后再用热水洗 1 次，夏季可放在室外用阳光进行消毒。犊牛喂奶必须定时、定量、定温。最后，应注意及时补料：犊牛 7~10 d 开始训练吃优质干草，第 10~15 d 开始训练犊牛吃精料，1 月龄后可饲喂胡萝卜、瓜类等，1.5~2 月龄可饲喂青贮饲料。精料单独饲喂，每顿分 3 次喂，喂完精料再喂干草，然后喂 2 次青贮饲料。

（2）定量：定量是指犊牛每天乳汁的喂量。随着犊牛的增长，喂奶量也会发生变化。一般情况下，犊牛的日饲喂量为出生体重的 8%～10%，分 3 次喂完。犊牛产后 2～7 d，每天喂奶 2 次，每次 4 L。产后 8～14 d，每天喂奶 2 次，每次 5 L。产后 15～40 d，每天喂奶 2 次，每次 4 L。产后 41～45 d，每天喂奶 2 次，每次 2 L。犊牛产后 46～50 d，临近断奶，要减少喂奶量，每天喂奶 1 次，每次 3 L；应视犊牛健康状况合理掌握，在不影响犊牛消化的前提下尽量饮足，确保犊牛吃饱吃好。喂量不足会影响犊牛的健康和生长，但喂量过多则会出现营养性腹泻。因为犊牛在 12 周龄之前还没有合理调节食欲的能力，即本身不能根据代谢能需求做出应答，对采食的唯一限制是胃的容量。

（3）定温：定温是指饲喂乳汁的温度。夏季奶温为 35～38℃，冬季奶温为 38～39℃，特别注意的是常乳温度不可过高或过低。温度过低会引起犊牛腹泻；而温度过高会导致犊牛口舌生疮，影响食欲，降低采食量，引起营养不良；故生产中多采用水浴加温至各季节的适宜温度用以饲喂犊牛。

（4）定人：为避免应激，饲喂犊牛人员必须由专人负责，不得随意更换人员。

（5）定质：定质是指乳汁的质量。为保证常乳的质量，必须进行巴氏消毒，也可用优质代乳粉代替常乳。为保证犊牛健康最忌喂给劣质或变质的乳汁，如母牛产后患乳房炎，其犊牛可喂给产犊时间基本相同的健康母牛的初乳。

（二）饲喂方法

犊牛饲喂方法有很多，主要包括奶瓶饲喂法（图 4 - 2，http：// www. baidu. com）、奶桶饲喂法、自动饲喂法、群体饲喂法等。当下牧场普遍使用奶瓶饲喂法和奶桶饲喂法，一方面相较于自动饲喂法成本低，另一方面单独饲喂也可以避免犊牛之间的疾病传播。但是，奶桶饲喂和奶瓶饲喂也存在很多问题，主要是无法满足定时、定量和定温的要求，而选择自动饲喂法，利用自动饲喂系统，不仅可以避免上述问题，还可以改善犊牛健康，促进其成长发育，保证成年后较高的生产性能。

（三）代乳粉

犊牛出生饲喂足量的初乳后，从第 2 d 起可以使用代乳粉。代乳粉目前主要有两类：常规代乳粉（20%～22% 的蛋白质，15%～20% 的脂肪）和高蛋白代乳粉（28% 的蛋白质，15%～20% 的脂肪）。犊牛不同增重水平对于代乳粉营养成分的需求不同。犊牛如果日增重为 0.4 kg，代乳粉蛋白质含量为 23.4% 即可，而如果日增重为 1.0 kg，代乳粉蛋白质含量为 28.7% 才能满足营养需求。如果按照常

图 4-2 奶瓶饲喂法

规代乳粉（20%粗蛋白和20%粗脂肪）饲喂，犊牛无法获得足够的蛋白质，从而降低了犊牛增重蛋白质的比例。

二、常乳饲喂的注意事项

（1）饲喂时通常使用桶或盆，每次饲喂完后都要将饲喂工具进行彻底清洗，以免滋生细菌。

（2）大多数犊牛在经过几次喂乳后便可以自行喝奶，但有一小部分犊牛即便是到了1月龄或更大还是需要人的引导，牧场工作人员就要在饲喂时特别注意，避免这部分犊牛无奶可喝。

（3）在饲喂犊牛过程中，发现犊牛不正常喝奶甚至不喝时要引起注意，很有可能是犊牛发病前的征兆表现。

第三节 饮水

水是生命之源，水对反刍动物的新陈代谢具有极其重要的作用。生命和生产的所有过程都离不开水，营养物质和其他化合物在细胞内的运转、养分的消化与代谢、废弃物通过粪便和汗液的排出、热量从机体的散发、维持细胞内环境稳态、机体的液体和离子平衡以及为胚胎发育提供液体环境等都离不开水。如果缺少了水，动物的生理机能就会受到严重阻碍，危及生命。犊牛在最初几天的饮水量很少，在其出生后应尽可能早供水（图4-3）。

图4-3 犊牛饮水

一、牛的饮水量

对于新生犊牛，提倡自由饮水的方式，有助于犊牛采食量的增加和生长性能的提高。研究表明，相较于单纯饲喂液体饲料的犊牛，饲喂液体饲料同时提高自由饮水的犊牛其增重率高，采食干饲料的速度快。犊牛在第1周的饮水量约为1 kg/d，到第4周的饮水量增加到2.5 kg/d，并且其中的主要增加量在第4周。新生犊牛需要的水主要来自乳中的水分。1～3月龄犊牛的日供水量约10 kg，3～6月龄的日供水量达15 kg。

（一）饮水过量的危害

饮水过量常发生于冬春季节，以5月龄内犊牛易见，饮水过量的犊牛瘤胃臌胀，精神沉郁，伸腰提腹，呼吸增多，鼻内流出淡红色液体，起卧不安，出汗。饮水过量将导致犊牛咀嚼机能削弱，并冲淡胃液，造成额外的能量浪费，降低体重。造成犊牛饮水过量的主要原因是一次饮水过量。5月龄的犊牛正处于断奶阶段，精料和粗料的采食量增加，需要的饮水量也随之增加，但出现供水不足或饮水受到限制，犊牛口渴遇到饮水时，常会出现一次性暴饮。因此，夏季要多注意犊牛槽内水是否充足，冬季要注意槽内水是否冻结。

（二）饮水过少的危害

由于管理不当，造成犊牛缺水症，但并不是疾病，只是犊牛因缺水而引起的代谢性异常，从而激发一系列因缺水引发的症状。犊牛在哺乳期时，乳中的水分便可满足犊牛的需水量，夏季需要额外饮水，而当犊牛处于断奶阶段时，由于供奶量逐渐减少，若供水量不足便会引发一系列的疾病，特别是炎热的夏季。临床表现为眼结膜潮红，粪便干硬成球状，鼻镜干裂，被毛粗乱，无光泽，食欲逐渐减退，精神沉郁，皮肤弹性降低，脱水症状明显，便量小发黄，排尿次数减少，病犊牛逐渐消瘦，最后卧地不起，脱水衰竭而亡。一旦确诊，马上饮水，同时要控制水量，避免暴饮，加强管理，病犊牛便自行康复。

二、饮水温度

犊牛一般饮水温度在 35~38℃ 为宜。特别注意的是冬季给犊牛温水，可避免犊牛腹泻及犊牛生长性能下降。犊牛在哺乳期时，无论初乳还是常乳，都应在加热消毒之后冷却至 35~37℃ 时喂给，水温偏高或偏低都会有不良影响。

三、水的质量

犊牛的许多疾病都与饮水不当有关。水是动物机体中必需的物质，对动物健康具有十分重要的意义，但如果饮水不当或饮水水质不良，会影响犊牛健康，甚至引发疾病。

（一）水中的微生物

水中的微生物包括细菌和病毒。沙门氏菌属、钩端螺旋体属及埃希氏杆菌为水中最常见的细菌。水也能携带致病性原虫和肠道蠕虫的虫卵。这些微生物对犊牛的危害程度与其数量和类型有很大关系。

受到沙门氏菌污染的饮水危害最多和最大的犊牛，会发生严重的腹泻。重金属在犊牛饮水中的含量倘若超过一定水平，不仅会对犊牛生长发育产生损害，还会在组织中蓄积，导致肉或奶中的重金属超标，对食用肉或奶的人体健康产生危害。

（二）保证饮水槽卫生

犊牛水槽应保持清洁卫生，每天冲刷，定期消毒。运动场上的水槽卫生情况也不能忽视，需要每天冲洗，定期消毒。

(三) 水的矿物质元素

一般以水中总可溶性固形物 (Total dissolved solids, 缩写 TDS), 即各种溶解盐类含量指标来评价水的品质。当水中 TDS 含量大于 6 000 mg/ml 时, 虽然动物健康状况和生产性能不受影响, 但可能导致暂时性腹泻和饮水量增加。一般来说, 当水中 TDS 含量小于 1 000 mg/ml 较为安全。当水中 TDS 含量大于 7 000 mg/ml时, 可能危害健康。水中主要阴离子是碳酸根、硝酸根、氯离子; 主要阳离子是钙、镁、钠离子及重金属汞、铅离子等。动物饮水品质仅用 TDS 为指标是不够确切的, 还应考虑各种金属离子的具体含量, 特别是水中硝酸盐和亚硝酸盐的含量对动物毒害很大, 因此要根据家畜饮水品质的推荐指标进行饲喂。

参考文献

顾佳升 . 2013. 解读牛初乳 [J]. 中国乳业 (8): 28.

郭爱珍, 杨利国 . 1995. 奶牛初乳的营养作用及其开发利用 [J]. 中国奶牛 (3): 46-48.

郭文华 . 2012. 奶牛犊牛饲养管理技术 [J]. 畜牧与饲料科学, 33 (10): 73.

陆东林, 张丹凤, 安景萍 . 2002. 初乳在犊牛培育中的意义 [J]. 新疆畜牧业 (1): 12-13.

孙建军 . 2013. 各龄期奶牛的饲喂 [J]. 四川畜牧兽医, 40 (12): 38-39.

杨丁 . 1999. 及时饲喂足量优质初乳可提高犊牛抗病力 [J]. 中国奶牛 (1): 25-26.

翟改霞, 贺刚, 戴晓军, 等 . 2015. 智能化犊牛饲喂系统及国外典型机型 [J]. 农业工程, 5 (4): 5-8.

张洪涛, 李胜利 . 2007. 犊牛的初乳饲喂和管理指南 [J]. 乳业科学与技术, 30 (2): 98-100.

张亮, 杨晨东, 吴云海, 等 . 2010. 哺乳期的犊牛该喂些什么 [J]. 北方牧业 (8): 27.

张宇明 . 2003. 关于牛初乳的利用 [J]. 黑龙江科技信息 (11): 103.

第五章　犊牛的早期断奶

犊牛喂奶量全期不超过 225 kg，哺乳期不超过 60 d。含有凝块的乳不得饲喂犊牛。为降低犊牛的饲养成本，犊牛要进行早期断奶。早期断奶时间不宜采用"一刀切"方法，科学断奶是保证犊牛未来发挥生产性能不可缺少的措施。应根据奶牛场的饲养技术水平，犊牛的体况和补饲饲料的质量而定。在我国当前的饲养水平下，一般采用总饲喂奶量达 250~300 kg、60 日龄断奶比较合适。

第一节　犊牛早期断奶的饲养管理

一、断奶措施

（一）加强干奶期奶牛的饲养管理

在妊娠的最后两个月，犊牛的绝对增重占初生重的 80% 以上。提高干奶期奶牛的管理水平是保障犊牛健康和较大出生重的有效举措之一，同时也可以提高奶牛初乳产量和质量。

（二）加强运动

运动可以增强犊牛体质，提高其新陈代谢水平，改善血液循环及肺部发育，增大胃肠容积，促进犊牛健康成长，提高其抗病能力，保障犊牛成年的生产水平。

（三）补饲

1. 开食料的饲喂

"开食料的饲喂"详见第五章第二节。

2. 给予优质干草

在犊牛 7~10 日龄时在哺喂常乳的基础上，训练犊牛采食干草，优质青干草应以优质豆科和禾本科牧草为主，可以在犊牛栏上放优质干草，让犊牛自由采食。及时给犊牛饲喂青干草，一方面能够刺激瘤胃快速发育，另一方面可以避免犊牛采食垫草，从而减少病原微生物的食入，降低犊牛疾病的发生概率。

3. 过好换料关

由液体饲料转换成精料的补饲过程中，由于饲料组成及营养成分的改变，犊牛可能会出现一些异常表现，如精神萎靡、嗜睡等，主要是因为犊牛消化功能不健全，胃吸收能力差，营养暂时性吸收不足所致。此时应严格掌握饲料质量和饲喂标准，让犊牛安全度过换料关。

精料采食的训练方法：给犊牛提前断奶，进行补饲，犊牛出生后 7~10 d 开始，训练其采食干草，放置优质干草供自由采食；犊牛出生后 15~20 d，开始训练其采食精饲料。可在犊牛喝完奶后，将少许精饲料涂在犊牛嘴唇上诱其舔食，经过 2~3 d，将精饲料放于料槽或料桶中，任其自由舔食，少喂勤添，每天必须更换保证饲料新鲜。最初每头日喂干粉料 10~20 g，数日后可增至 80~100 g。不仅可以降低犊牛饲养成本，还可以促进犊牛消化机能的完善，满足犊牛的营养需求。

（四）犊牛栏设置

犊牛出生 7 d 后，在母牛舍内一侧或牛舍外，用圆木或钢管围成一个小牛栏，围栏面积以每头犊牛 2 m² 以上为宜。与地面平行制作犊牛栏时，最下面的栏杆高度应在小牛膝盖以上、脖子下缘以下（距地面 30~40 cm），第二根栏杆高度与犊牛背平齐（距地面 60~70 cm），第三根距地面 90~100 cm。在犊牛栏一侧设置精料槽、粗料槽，在另一侧设置水槽。犊牛栏应保持清洁、干燥、采光良好、空气新鲜且无贼风，冬暖夏凉。

（五）环境卫生与疾病防治

保持良好的卫生条件是预防犊牛发生疾病的关键措施之一。哺乳期犊牛应饲养在清洁、干燥，采光良好，空气新鲜，避免受病原菌污染的专用犊牛栏中；及时清除粪尿，更换垫草，以防犊牛受潮、寒风侵袭和饮脏水；牛舍温度在 15℃左右，相对湿度为 50%~70%；腹泻是严重威胁犊牛生产的疾病之一，要及时观察犊牛粪便，判断腹泻程度及分析腹泻原因，根据不同原因及时采取相应的治疗方案。

二、犊牛的管理

（1）三勤：管理初生犊牛必须细心，应做到"三勤"，即勤打扫，勤换垫草，勤观察。犊牛生活的环境应保持清洁、干燥、温暖、宽敞和通风，所以要勤打扫、勤更换垫草，并应定期消毒来保证卫生条件，在夏天或犊牛拉稀的情况下尤其必要。要随时观察犊牛的精神状况、粪便状态以及脐带变化。首先，观察其精神状况。健康犊牛一般表现为机灵、眼睛明亮、耳朵竖立、被毛闪光，否则就有生病的可能。特别是患肠炎的犊牛常常表现为眼睛下陷、耳朵垂下、皮肤包紧、腹部蜷缩、后躯粪便污染；患肺炎的犊牛常表现为耳朵垂下、伸颈张口、眼中有异样分泌物。其次观察其粪便状态和肛门周围。注意粪便的颜色和黏稠度，注意肛门周围和后躯有无脱毛部位。如有脱毛现象，可能是营养失调而导致腹泻。另外应观察脐带，如果脐带发热肿胀，可能患有急性脐带感染，还可能引起败血症。

（2）防止犊牛舐癖：犊牛舐癖是指犊牛相互吸吮，是一种极坏的习惯，危害极大。其吸吮部位较多，如嘴巴、耳朵、脐带、乳头、牛毛等；吸吮嘴巴（喂完奶后极易发生）这种"接吻"行为容易传染疾病；吸吮耳朵在寒冷情况下容易造成冻疮；吸吮脐带容易引发脐带炎；吸吮乳头容易导致犊牛成年后瞎乳头，吸吮牛毛容易在瘤胃中形成许多大小不一的扁圆形毛球，久之会因堵塞食道沟或幽门而致命。有的牛甚至到了成年还继续保持这种恶习，经常偷吃其他泌乳牛的奶，造成很大的损失。对犊牛这种恶习应该予以重视和防止，首先初生犊牛最好单栏饲养。其次犊牛每次喂奶完毕，应将犊牛口鼻部残奶擦净。对于已经形成舐癖的犊牛，可用带领架（鼻梁前套一小木板）纠正，同时避免用奶瓶喂奶，最好使用小桶喂奶。

三、早期断奶犊牛饲养管理应注意的事项

（1）保持适宜的环境温度：犊牛最适环境温度为10～24℃，炎热季节要注意防暑降温；严寒季节，要注意防寒保暖。同时保持圈舍干燥、通风、不潮湿、不冰冷。

（2）保持圈舍及运动场的清洁卫生：犊牛应隔离饲养，设专栏或犊牛岛，及时清理圈舍及运动场的粪便，每天更换2次褥草，保持哺乳器具的清洁卫生。水槽必须保持清洁，平时加强消毒。常用10%～20%的石灰水、20%～30%的草木灰、2%的火碱、1%的复合酚、稀释3 000倍的百毒杀溶液等喷洒、冲洗、浸泡。冬季10 d消毒一次，夏季1周消毒一次，在消毒时，可轮换使用不同的消毒剂。每天清理饲喂槽及饮水槽，每周2次消毒。勤换垫料并定期对牛舍、食槽

进行消毒，以保证饲养工具清洁卫生。饲养工具分开存放，不可混用。

（3）经常刮刷牛体，保证犊牛充分运动对于出生 2 日龄以上的健康犊牛，当气温在 15℃ 以上天晴无风时，可把犊牛放入运动场让其自由运动，晒太阳，并将所有犊牛进行刷拭，保持牛体清洁卫生，每周 3 次，或根据犊牛自身条件而定。

（4）去角：犊牛的去角时间为 7~12 日龄，方法有电烙铁去角法和苛性钠涂抹去角法。

（5）限制饮水：犊牛喂乳后绝不能马上让其饮水，否则易导致犊牛尿血。

（6）勤观察：饲养员在饲喂、刷拭犊牛过程中，要注意观察犊牛的采食、粪尿情况，发现异常及时处理。对腹泻、肚胀严重的犊牛停止喂奶 1~2 次，并以 1~1.5 kg 温开水代替，仍无效者要进行治疗。

（7）做好记录：熟记牛号，对每头牛的健康状况做到心中有数。犊牛满 6 月龄经空腹称重后，生长发育健康的犊牛应及时转入育成牛群饲养。

（8）预防接种：坚持预防为主的方针，及早做好预防接种工作，不同地区应根据当地疫情发生情况对犊牛进行免疫接种。一般应接种预防结核菌、口蹄疫、布氏杆菌、牛鼻气管炎和牛病毒性腹泻疾病等疫苗。所有犊牛都应该进行魏氏梭菌的接种。犊牛在 2~3 月龄时，特别是转入放牧前 3 周应进行传染性牛鼻气管炎疫苗接种。

第二节　早期断奶技术

一、早期断奶技术

犊牛从哺乳期到断奶经历了消化生理、营养需要以及日粮形态的剧烈改变，因此，这一阶段的饲养技术要求甚至高于肉牛肥育期。怎样促进犊牛消化器官发育、优化从哺乳期到断奶的转化过程以及缓解断奶应激是犊牛培育的关键。目前，研究提出的犊牛早期断奶技术思路大致可归纳为对犊牛进行早期断奶和早期补饲这两个环节。早期断奶阶段配合使用犊牛代乳料则有利于犊牛消化道的定向培育，促使犊牛的消化功能较早发育，使犊牛尽早适应粗饲料为主的日粮结构，从而发挥生产潜力。

（一）早期断奶

早期断奶已经被多数养殖企业所接受。犊牛早期断奶的方法大致可分为两个阶段。第一阶段，犊牛出生后最初几天饲喂初乳，初乳的足量摄取能提高犊牛免疫能力，是早期断奶成功与否的关键。之后可用代乳粉逐步代替 1/2～2/3 的鲜牛奶饲喂。第二阶段，完成牛奶过渡后全部用代乳粉作为牛奶营养来源，并开始训练犊牛采食开食料，任其自由采食，同时提供优质青草或柔软干草料，这一过程各个品种犊牛存在差异，需要根据品种及当地养殖环境进行摸索。

1. 代乳粉

犊牛代乳粉的开发是随着奶牛养殖技术和社会经济发展的需要而诞生的，其最初的目的：一是通过减少犊牛消耗，增加有效生奶的供应；二是通过使用价格较低的原料替代价格昂贵的生奶，降低犊牛培育成本。

代乳粉要满足犊牛的营养需要，并符合易消化、适口性好、配制原料优等特点，提供犊牛生长发育所需的蛋白质、脂肪、维生素、微量元素及各种免疫因子。代乳粉要代替牛奶并达到较好的生产性能，就必须在营养成分、免疫组分、口感香味上接近甚至好于母乳才会被犊牛接受。配制代乳料在考虑提高犊牛日增重的基础上还要重视减少犊牛腹泻、提高犊牛抵抗力和免疫力。

在营养水平上，代乳粉首先要求供给犊牛足够的能量。犊牛代乳粉中要有一定含量的脂肪来提高日粮能量水平，好的代乳粉脂肪含量应在 10%～20%，脂肪含量高可以提供额外的能量促进犊牛的快速生长，同时有利于减少犊牛腹泻。要注意的是，高脂肪日粮可以减少犊牛的冷应激，提高犊牛存活率，但体脂肪过度沉积会影响小母牛的乳房发育和以后的产奶量，对繁殖性能带来负面影响，因此需要进一步研究不同品种犊牛不同阶段的能量需要及配套供给技术。

总之，使用代乳粉饲喂犊牛，既可节约大量的鲜奶，降低饲养成本，又可以促进犊牛胃肠道的发育，利于犊牛早期断奶并快速生长。

2. 开食料

犊牛开食料是为满足犊牛营养需要而配制的一种适口性强、易消化且营养全面，并区别于代乳粉，专用于犊牛断奶前后饲喂的精料补充料。开食料的使用可以使犊牛尽早适应固体饲料，保证犊牛健康生长，其形状为多粉状或颗粒状，以颗粒饲料使用效果较好，一般直径为 0.32 cm 为宜。开食料是犊牛重要的营养来源，对犊牛的生长发育，尤其是瘤胃的发育起着至关重要的作用。开食料不同于代乳粉，它是以提供能量和蛋白质为主的籽实类为主，加入部分动物性蛋白以及少量矿物质、维生素等。然而，单一的饲料原料不能完全满足犊牛生长发育的需要，优质的犊牛开食料要具有良好物理、化学特性，营养组分以及适口性，并以能使犊牛获得最佳的体增重、饲料转化效率和瘤胃功能的发育为综合评价指标。开食料优劣会直接影响犊牛胃肠道活动，从而影响犊牛瘤胃发育，最终影响犊牛生长性能。

豆粕、亚麻粕、棉籽粕、菜籽粕、芝麻粕或膨化大豆均可被用作开食料中的蛋白质来源。不同蛋白水平的开食料对犊牛的采食量、日增重、体尺增长以及复胃发育等方面都有不同程度的影响。

开食料中一定含量的粗纤维有利于犊牛的健康，不同颗粒大小开食料试验结果表明，含有苜蓿叶粉和膨化玉米粉的开食料对荷斯坦公犊牛瘤胃发育有较好的促进作用。

开食料的开始饲喂时间也会影响犊牛的生长发育和瘤胃功能。这主要是因为3周龄以内犊牛的瘤胃和网胃内微生物区系尚未建立，不具备消化草料的功能，犊牛只能靠进入真胃的乳汁提供营养。此时饲喂开食料只会增加犊牛胃的负担，导致疾病发生。而当喂料过晚时，犊牛的消化道长期依赖乳汁，前胃因得不到充分的锻炼而发育缓慢，瘤胃发育迟缓，瘤胃乳头甚至会发生退化，最终影响犊牛后期的生长发育。然而，也有研究发现，在犊牛 7~10 日龄时就开始补饲开食料，对犊牛后期生长发育无不良影响。因此，开食料的开始饲喂时间至今仍没有统一标准，总的来说，关于开食料的饲喂时机问题还有待深入研究。

原料主要为植物性饲料和乳制品（如脱脂乳、干奶酪、乳清粉等），乳制品含量可达 50%~80%，此外需要加入矿物质、微量元素、维生素及抗生素等，如：豆饼 20%~30%、玉米 40%、燕麦 5%~10%、鱼粉 5%~10%、糖（蜜）4%、苜蓿草粉 3%、油脂 5%~10%、维生素和无机盐 2%~3%。

开食料的早期饲喂成为早期断奶的关键，饲养员必须拿出更多时间和耐心来训练每一头新生犊牛。实践证明，采用犊牛代乳粉结合开食料饲喂技术，可以促进犊牛对开食料的采食，保证开食料采食量和适当的体增重；同时，规范的作息时间也可保证饲养员的工作效率。

（二）早期补饲

犊牛出生后生长发育迅速，母牛在产后 1 个月的泌乳量还可以满足犊牛的需求，随着犊牛的增长，以及母牛泌乳量的下降，单纯的母乳已不能满足犊牛的营养需求，给犊牛提前断奶，进行补饲，可以补充犊牛需要的营养，使犊牛采食较多的植物性饲料，可以满足犊牛补偿性生长，促进瘤胃的发育。

（1）补饲精料：犊牛开食料应适口性良好，粗纤维含量低而粗蛋白含量较高。10~15 日龄时补饲精料，开始时日喂干粉料 10~20 g，也可加入少许牛奶，诱其采食。喂完奶后用少量精料涂抹在其鼻镜和嘴唇上，或撒少许于奶桶上任其舐食，促使犊牛形成采食精料的习惯。补饲精料可购买奶牛犊牛用代乳料、犊牛颗粒料，或自己加工犊牛颗粒料，每天早、晚各喂 1 次。1 月龄日喂颗粒料0.1~0.2 kg，2 月龄喂 0.3~0.6 kg，3 月龄喂 0.6~0.8 kg，4 月龄喂 0.8~1 kg。犊牛满 2 月龄后，在饲喂颗粒料的同时开始添加粉料状精饲料，可采用与犊牛颗粒料相同配方。粉状精饲料添加量：3 月龄 0.5 kg，4 月龄 1.2~1.5 kg。肉用犊牛颗粒饲料推荐配方：玉米 48%、麸皮 20%、豆粕 15%、油饼 12%、食盐 1%、碳酸氢钙 2%、石粉 1%、预混料 1%。

（2）饲喂干草：在料槽内添入优质干草（苜蓿青干草等），训练犊牛自由采食。可饲喂苜蓿、禾本科牧草等优质干草。出生 2 个月以内的犊牛，饲喂铡短到 2 cm 以内的干草，出生 2 个月以后的犊牛，可直接饲喂不铡短的干草。建议饲喂混合干草，其中，苜蓿草占 20% 以上。2 月龄犊牛可采食苜蓿干草 0.2 kg，3 月龄犊牛可采食苜蓿干草 0.5 kg。

（3）饲喂青绿多汁饲料：青绿多汁饲料如胡萝卜、甜菜等，犊牛在 20 日龄时开始补喂，以促进消化器官的发育。每天先喂 20 g，到 2 月龄时可增加到 1~1.5 kg，3 月龄为 2~3 kg。青贮料可在 2 月龄开始饲喂，每天 100~150 g，3 月龄时 1.5~2.0 kg，4~6 月龄时 4~5 kg。

（4）分栏补饲：在母牛舍内加设只能小牛自由出入的小牛栏，内置小牛用的精饲料和短铡细切的优质粗饲料（如紫花苜蓿、红豆草、燕麦等），能提高犊牛增重速度。经过 40 d 左右的分栏补饲，60 日龄的犊牛体重可达到 65~75 kg，精饲料的日采食量可达到 0.7 kg 左右。到 90 日龄，体重可达到 80~90 kg，日采食量 1~1.5 kg。

二、早期断奶时间

犊牛开始采食干饲料（特别是开食料）的时候，瘤胃开始通过发酵为机体提供营养物质，瘤胃微生物数量开始增加。谷物饲料中的淀粉发酵产生挥发性脂肪酸，尤其是丁酸，能够刺激瘤胃乳头发育，促进瘤胃的代谢。犊牛采食精料 3 周后，瘤胃中才有足够的微生物发酵饲料以提供足够的能量。

从管理的角度出发，我们可从犊牛出生几天就为犊牛提供自由饮水和优质精料以促进瘤胃发育。采用这种饲喂方法，犊牛在 3~4 周龄时瘤胃已经发育很好，并为采食固体饲料做好了准备。犊牛越早采食淀粉饲料，瘤胃发育的时间越早。开始饲喂谷物饲料后，瘤胃乳头大约需要 21 d 的时间发育完善。这个发育时间是从饲喂谷物饲料开始计算的，可以是出生后 2 d，也可以是出生后 20 d。这是管理在决定瘤胃发育和断奶时间方面起着重要作用的体现。犊牛出生后尽早采食精料对瘤胃发育的起始时间具有非常重要的影响。

传统的犊牛哺乳时间一般为 6 个月，喂奶量 800 kg 以上。随着科学研究的进步，人们发现缩短哺乳期不仅不会对母犊牛产生不利影响，而且可以节约乳品，降低犊牛培育成本，增加犊牛的后期增重，促进成年牛的提早发情，改善母牛繁殖率和健康状况。4 周龄时犊牛瘤胃容积可占全胃容积的 64%，而成年牛瘤胃容积占全胃容积的 80% 左右，接近成年牛相应指标的 80%；6~8 周龄时前胃的净重占全胃净重的 65%，已接近成年牛的比例，且 6~8 周龄犊牛瘤胃发酵饲料产生的挥发性脂肪酸的组成和比例与成年牛相似。有报道称犊牛 6 周断奶对生长发育无不利影响，相反，只要合理饲养可以提早建立瘤胃微生物区系，刺激早期瘤胃的发育，增强消化力，可使犊牛在整个生长期平稳生长发育。以上说明通过精心补饲，8 周龄前犊牛对固体性饲料已具备了较高的消化能力，长期生产实践表明：通常当 4~8 周龄犊牛日采食精料达 1 kg 以上，是比较恰当的早期断奶时机。目前，在世界许多奶牛业发达的国家都已经实行了犊牛早期断奶技术，犊牛的哺乳期为 3~6 周，大多为 4 周。

良好的饲养管理可以保证大部分的犊牛在 4 到 5 周龄成功断奶。但不要单独根据年龄来确定犊牛断奶时间。相对来讲，判断犊牛断奶时间的最佳指标是开食料的采食量。如果犊牛连续 3 d 每天能够进食 0.68~0.91 kg 的谷物饲料，表明犊牛可以断奶。这种方法可对不同健康状况的犊牛调整不同的断奶时间，不健康的犊牛可以继续哺乳，健康的犊牛断奶。

三、早期断奶方法

(一) 机械刺激和化学刺激

新生犊牛，瘤胃不甚发达，特别是它的瘤胃微生物环境还没有建立起来，目前，人们普遍采用机械刺激和化学刺激两种方式来促进犊牛瘤胃的发育。

机械刺激即通过喂给犊牛优质牧草和干草以达到增大瘤胃的容积，刺激瘤胃乳头发育并使犊牛瘤胃早日建立菌群，以提高其消化饲料的能力最终达到促进瘤胃发育的目的。犊牛出生后 10 d 左右开始训练采食干草，以牧草或优质干草为主，要保证质量。开始应饲喂少量牧草或优质干草，待犊牛适应后逐渐增加供给量。

犊牛在采食饲料后，食物在瘤胃内经微生物发酵，产生大量的挥发性脂肪酸，这些挥发性脂肪酸不仅为犊牛提供能量需要，而且瘤胃在吸收挥发性脂肪酸时本身也受到刺激，即通过化学刺激促进瘤胃的生长发育。瘤胃在吸收挥发性脂肪酸的过程中，锻炼了瘤胃乳头的吸收能力，同时也促进了瘤胃乳头的生长发育，增强瘤胃壁细胞的代谢活动，促进了瘤胃的发育。

（二）断奶过渡

犊牛早期断奶技术的另一技术要点就是做好断奶过渡工作。断奶前，早期补饲是犊牛断奶过渡的关键环节。由全乳转换为代乳料，再转换为精料的补饲过程中，由于饲料组成及营养成分的改变，犊牛可能会出现一些异常表现。有研究表明，犊牛在任何日龄断奶都会存在应激反应，如食欲差、消化功能紊乱、腹泻、生长迟缓、饲料采食量少、饲料利用率低等所谓的犊牛早期断奶综合征等。主要是因为犊牛消化功能不健全，胃吸收能力差，营养暂时性吸收不足所致。此时应严格掌握饲料质量和饲喂标准，让犊牛安全度过换料关。

过渡渐增式补饲可以减少断奶应激。犊牛出现反刍时要及时补饲，而且，随着日龄的增长，犊牛采食固体饲料增多。此时，提高精料比例可以促进瘤胃乳头的发育，提高干草比例可以提高胃的容积和组织发育。但要注意的是过量精料会增加瘤胃角质层厚度，影响瘤胃壁的吸收功能，最终导致瘤胃炎发生。一般犊牛连续 3 d 能采食 1 kg 精料以上，可以有效地反刍时，可判定为犊牛断奶节点。Hulbert 等认为断奶体重也是一个重要指标，如果 24 日龄时犊牛体重偏轻，则不宜使用早期断奶技术，特别是相对于快速早期断奶（1~5 d），慢速早期断奶（15~17 d）犊牛的体重在断奶前较轻。如果没有做好早期断奶的过渡工作，这些问题的产生或者没有及时处理，会给养殖户造成损失。

（三）断奶注意事项

为了犊牛能尽快采食足量的开食料以达到断奶要求，可从 1~2 日龄开始给予优质、均一的开食料，并确保犊牛在 5~7 日龄时已采食部分开食料。如果犊牛不吃开食料，就要通过人工饲喂或者喂完奶后把开食料放在奶桶底部的办法让犊牛进食开食料。精心照顾，确保犊牛健康是犊牛早期断奶成功的关键。

犊牛断奶的时候，牛奶可以一次性停止饲喂，也可以逐渐减量，但是一定要确保饲料逐渐改变。断奶后再饲喂相同的开食料 1 周左右，然后开食料再与谷物混合一起饲喂，这样可以使犊牛逐渐适应生长料。当犊牛每天采食的精饲料达到 2.27~2.72 kg 的时候可以开始给它们提供优质干草，也就是大约断奶后 1~2 周，或者 6~7 周龄的时候。采用早期断奶的管理模式，必须要清楚犊牛每天开食料的投喂量。每天为犊牛提供 0.91 kg 精饲料并在料桶上标记，并称量剩料来计算每天准确的采食量。通过记录采食量的方法可以确定犊牛的具体断奶日龄，同时还能监测犊牛的健康状况，健康的犊牛可以早期断奶。

四、断奶应激问题

如果犊牛在 5 周龄的时候断奶仍然不能成功，说明犊牛饲养管理中存在其他问题。可能是初乳饲喂量不足、通风不好、犊牛开食料的品质差、潮湿阴冷的环境，以及存在其他应激因素。犊牛断奶时要面对来自日粮、畜舍、环境等多方面的严重应激。结果导致体重下降、采食量下降、对病原微生物敏感。因此，成功断奶的关键就是减少应激。

（1）在转群之前，要给犊牛一定的适应时间以减少断奶应激。断奶后，转入新牛舍之前，犊牛至少要有一周的适应时间。为了顺利过渡，可先将断奶犊牛按每组 4~6 头组群，这样可以使犊牛逐渐适应群体生活。小规模组群能够降低犊牛对采食和休息区域的竞争造成的应激。断奶后的第一次组群对犊牛之后的社交适应非常重要。第一次混群之后，犊牛就可以转入更大的群，也就可以适应不同的饲养和管理模式。但是组群也不能过大，组群过大会影响后备牛的生长发育。

（2）因为断奶后犊牛分群饲养，这样很容易接触到多种病源，因此只有健康的犊牛才能断奶。不仅因为犊牛有可能接触到更多的病源，还因为断奶后日粮的改变会抑制犊牛的免疫系统。

（3）维生素 C 可以提高犊牛免疫力，有效减缓断奶时期的应激。另外，犊牛断奶后，其腹泻发生率随着日粮中蛋白质含量的提高而增高，降低蛋白质水平也可减轻肠道免疫反应和腹泻程度。

（4）舍饲区域要求通风良好，以减少呼吸道疾病的感染风险。此外，栏舍内要干净并且垫草要充足，以减少犊牛接触到粪便中的病源。犊牛饲料中要添加抗球虫的药物，以减少球虫病的风险。犊牛很容易感染球虫病，是因为断奶应激会抑制免疫系统。避免在断奶前后给犊牛去角和免疫接种，这会加重犊牛的断奶应激。最后需要注意的一点是不要在极端天气下给犊牛断奶，极端天气能够改变犊牛的能量需要，抑制免疫系统，从而加重断奶应激。

五、早期断奶的意义

犊牛早期断奶技术是一项可"节流"又可"开源"的好技术。科学应用可以有效地降低奶牛饲养成本，提高生产效率，加快犊牛商品化进程，为广大养殖户和奶牛养殖企业带来明显的经济效益。

犊牛在出生后生长速度非常快，犊牛在出生后1个月内母牛的泌乳量可满足犊牛生长发育的营养需要。1个月后随着犊牛增长，营养需要逐渐增加以及母牛泌乳量的下降，母牛的奶量满足不了犊牛的营养需要，母牛的泌乳量和犊牛的营养需要形成剪刀差，并随犊牛的生长，两者之差越来越大。因此，提早断奶就能提早补充犊牛所需营养，使犊牛在哺乳后期能采食较多的植物性饲料。这样不仅能够满足犊牛补偿性生长，而且还可促进瘤胃的发育。

国内外许多试验证明，过多的哺乳量和过长的哺乳期，虽然可使犊牛增重较快，但对犊牛的内脏器官，特别是对消化器官有不利的影响，而且还影响了牛的体型及成年后的生产性能，为此国内外对犊牛的早期断奶进行了大量研究，取得了显著的效果，并已在生产中普遍应用。早期断奶具有如下意义：

（1）有效降低饲养成本。早期断奶节约大量商品乳，降低犊牛的培育成本，缩短哺乳期，节省劳动力。张伟报道，早期断奶有利于奶公犊牛早期的生长发育和骨骼发育，试验组平均日增重比对照组高146.6 g；试验组比对照组节省鲜奶240 kg，较对照组降低成本29.66%。大量试验已经证明，采用早期断奶技术的犊牛肉料比最高，在饲料上省下不容小觑的一笔开支。另外，采用早期断奶技术的犊牛消化道疾病的发病率明显下降。

（2）有利于犊牛培育。生产中实施犊牛早期断奶，通过补饲等措施，刺激犊牛瘤胃的早期发育，锻炼和增强其消化机能和耐粗性，对于犊牛瘤胃内微生物区系的形成有显著帮助，从而使犊牛提前从采食液体饲料阶段过渡到反刍阶段，有利于犊牛的生长发育。极早训练犊牛采食粗饲料，促进瘤胃等消化道机能发育和健全，扩大瘤胃容积，增加采食量，增强饲草饲料的摄取和营养物质的利用吸收，减少消化道疾病的发病率，能提高犊牛的成活率，降低死亡率，减少损失，同时可以减轻哺乳母牛的泌乳负担，可确保每年繁殖一头犊牛。利用代乳品对犊牛进行早期断奶试验，各试验组犊牛在体重、日增重及其他生长指标上均表现高于对照组，且结果表明，提早断奶时间有利于提早锻炼犊牛的消化道，及早增强犊牛适应粗饲料的能力，促使犊牛的消化功能较早发育，从而充分发挥犊牛的生产潜能。

（3）加速商品化生产。对于商品化育肥场，科学早期断奶，可以有效缩短犊牛补饲时间，加速犊牛瘤胃发育，尽快适应对大量固体饲料的消化，使犊牛快速进入育肥场，提升商品生产周转率。

（4）提升能繁母牛繁殖效率。犊牛早期断奶可减轻哺乳母牛的泌乳负担，有利于母牛体况的恢复，促进母牛及早发情，提前配种，从而缩短母牛的配种间隔，使每年产一头犊牛成为可能，同时，减少了母牛代谢性疾病的发生，延长了母牛的使用年限。

六、断奶技术现状

多数养殖场均已将早期断奶技术应用到实际生产中，部分养殖场也开始使用这一技术。但纵观各个养殖场的养殖效益可以发现，取得的收益还是参差不齐的。导致差异的原因就是有些养殖场片面认识提早断奶，没有采取适合本场养殖现状的早期断奶技术。

实施科学的早期断奶技术的确可以增加生产效益，但如果没有掌握犊牛早期断奶技术的技术要点，忽视犊牛瘤胃的发育过程，为了追求经济效益，就盲目提早断奶、突然断奶或断奶后强制粗饲，则可能造成瘤胃积食或者十二指肠溃疡，最终得不偿失。因此，犊牛早期断奶要遵循科学规律，给犊牛提供一个由全乳、开食料到普通饲料的过渡时间，这样才能既降低饲料成本又使犊牛健康生长。

因此，早期断奶技术的应用不宜采用"一刀切"的办法，一方面，养殖场应用早期断奶技术要因地制宜、因品种而定；另一方面，养殖场要根据自身的饲养水平、犊牛的体况、日粮的品质及饲料加工类型加以调整。

参考文献

巴登加甫，刘建明，塔依尔江，等 . 2014. 新疆褐牛 0 ~ 3 月龄犊牛饲养管理技术探讨 [J]. 中国牛业科学，40（2）：87-89.

陈振财 . 2016. 肉犊牛早期断奶意义及方法 [J]. 现代畜牧科技（6）：26.

高生珠，褚万文．2015. 犊牛的隔栏补饲及早期断奶技术［J］. 山东畜牧兽医，36
　（4）：22.

嵇俊龙．2015. 奶牛哺乳期的饲养管理要点［J］. 畜牧兽医科技信息（4）：60.

李辉，刁其玉．2006. 断奶日龄对早期断奶犊牛生长性能的影响［J］. 中国畜牧兽医（3）：
　14-17.

马凤宝，王必强．2014. 犊牛早期断乳的要点［J］. 养殖技术顾问（12）：13.

马吉锋，王建东，脱征军，等．2016. 代乳粉对早期断奶犊牛生长的影响［J］. 畜牧与饲
　料科学，37（4）：27-28+32.

闹日尼玛．2015. 补饲早期断奶对犊牛生长发育的影响［J］. 农业开发与装备（10）：158.

屈军梅，李文平．2005. 奶牛热应激及防制对策研究［J］. 中国奶牛（3）：16-19.

王建军，杜子文，乌兰其其格．2008. 初生犊牛饲养管理的关键技术［J］. 畜牧与饲料科
　学（3）：125-126.

易海波，耿明阳，张发宪．2015. 浅议犊牛早期断奶技术在生产中的应用［J］. 新疆畜牧
　业（12）：41+45.

张世杰．2016. 早期补饲早期断奶对犊牛生长发育的影响［J］. 农业开发与装备
　（8）：167.

赵新宇，冯登侦，吴强．2015. 奶牛场犊牛饲养管理应注意的问题［J］. 农业科学研究，
　36（1）：78-81.

朱相莲，茅慧玲，屠焰，等．2015. 肉牛早期断奶关键技术及研究进展［J］. 中国牛业科
　学，41（1）：61-67.

第六章　犊牛的日粮饲喂

对于犊牛来说，日粮是影响犊牛发育最主要的因素，日粮要符合犊牛各个发育阶段的营养需要是基本的准则。而犊牛生长发育的特殊性也导致除一开始摄入的初乳之外，犊牛所需营养都来自代乳料、优质青草或干草。

第一节　代乳料

现今犊牛早期断奶技术的研究主要集中在核心环节——代乳料的开发与应用。代乳料可以分为代乳粉和开食料。

犊牛出生后，其生存环境由恒温过渡到变温、由无菌过渡到有菌，营养物质由血液供给变为胃肠道消化供给。犊牛瘤胃功能尚未健全，鲜牛奶可以说是理想的饲料。随着动物生理营养和消化生理的研究不断深入，对犊牛的消化代谢生理和营养需要有了更深的了解，犊牛的饲养方式发生了根本改变。世界各国对奶牛代乳粉开展了广泛的研究，用代乳粉饲喂犊牛已经成为现实，现代奶牛业的工厂化和集约化发展要求犊牛早期断奶并快速生长。据报道，采用营养全面、易于消化吸收的代乳粉既可以促进后备犊牛的瘤胃和肠道等消化器官的发育，为后天的高产生产性能奠定基础；同时，又可以节约大量鲜奶，降低饲养成本，取得更大的经济效益，现代化的奶牛场无不使用代乳粉，提高奶牛场的综合效益。

一、代乳粉

（一）代乳粉的配制及现状

犊牛代乳粉的营养要求代乳粉要代替牛奶并达到较好的生产性能，就必须在营养成分和免疫组分上接近母乳，在味感上使犊牛可以接受，有助于减少犊牛的腹泻、增加犊牛对疾病的抵抗力和免疫力，同时还能增加犊牛的生存能力和提高日增重。

随着饲料原料加工工艺和合成工艺的研究发展，代乳粉的配制发生了实质性的变化。传统的代乳粉主要采用一种或几种原料进行简单的混合，并且原料多为奶制品，如脱脂奶、乳蛋白浓缩物、脱乳糖和乳清粉等，这种代乳粉价格高昂而又不能保证效果。随着奶和奶制品价格的上涨和加工工艺的发展，现代代乳粉则是根据犊牛的营养需要和原料的特性配制的适合犊牛快速生长发育的配方代乳粉。配方代乳粉中的蛋白质一般分为全乳蛋白代乳粉和含替代蛋白的代乳粉。全乳蛋白代乳粉的蛋白源多采用含有乳清蛋白精的提取物、干乳清及无乳糖乳清粉等。含替代蛋白的代乳粉是指部分乳蛋白被其他低成本的成分所替代（典型值为替代50%）；这些替代物包括大豆蛋白精提物、大豆分离蛋白、动物血浆蛋白或全血蛋白以及变性小麦面筋等。

欧美等国已研制出多种代乳粉，配方中的营养素主要有：脂肪、蛋白质、乳糖、纤维素、矿物质、维生素和抗生素等。苏联提出的代乳粉配方为，脱脂乳68%，脂肪26%，磷脂3%，微量元素、维生素和氨基酸3%。两者都未强调免疫因子。我国也开展了相应研究，中国农业科学院研制的犊牛和羔羊代乳粉包括营养元素和免疫因子两个部分，该代乳粉选用经浓缩处理的优质植物蛋白粉和动物蛋白质，经雾化、乳化等现代加工工艺制成，含有犊牛生长发育所需要的蛋白质、脂肪、乳糖、钙、磷、必需氨基酸、脂溶性维生素、水溶性维生素、多种微量元素等营养物质和活性成分及免疫因子。其特点是满足犊牛的氨基酸需要，用脂肪和变性淀粉满足能量需要，用活性免疫因子提高犊牛对疾病的抵抗能力。

（二）代乳粉质量

代乳粉质量取决于以下5个方面：营养含量、原料来源、可溶性和分散性、保健性和安全性、适口性。

1. 营养含量

我国的牛代乳粉标准中规定水分为6%，粗蛋白为22%，粗脂肪为12%，粗灰分为10%，粗纤维为3%，乳糖为20%，钙0.6%~1.2%，磷0.6%。

2. 原料来源

（1）蛋白质及来源。蛋白质是体架和组织发育所需要的营养物质。代乳粉中蛋白含量一定要够，而且还必须是高质量的蛋白质，这样才能保证犊牛身体组织充分发育，在将来的泌乳期表现出最佳的生产潜能。最佳的蛋白质来源是奶和奶的副产品，如脱脂奶粉、乳清粉、乳清浓缩蛋白等。还可以选用大豆浓缩蛋白和大豆分离蛋白，二者被认为是奶副产品的最佳替代品。另外，特殊加工的全脂豆粉可以用于较大的犊牛，不能用于3周以前的犊牛，而且其效果远不及前面几种。

为降低代乳粉的生产成本，多以大豆制品代替奶源蛋白质，大豆制品主要有3种，大豆粉、大豆蛋白精和大豆蛋白分离物。大豆粉成本最低，但含有纤维素及不溶性碳水化合物，大豆蛋白分离物的蛋白质含量高达85%~90%，但成本较高；将大豆粉中的可溶性碳水化合物除去后制成的大豆蛋白精，蛋白质含量和价格适中。以大豆蛋白源制成的代乳粉的不利因素是代乳粉中含有胰蛋白酶抑制因子和过敏原，这两种因素都可导致营养成分消化率的降低和生产性能的削弱。胰蛋白酶抑制因子具有降低消化酶活性的特点，将大豆进行湿热处理可以破坏它们的抑制作用。大豆球蛋白和β-伴球蛋白是大豆中蛋白质的主要存在方式，它们对犊牛有致敏作用。尽管如此，大豆蛋白质中的抗原活性可以通过变性作用得到消除。

代乳粉中的粗纤维含量与代乳粉所用的植物性蛋白质有关。如果纤维素含量大于0.2%，就表明存在植物性蛋白，而且这些代乳粉往往价格较低。质量低下主要是因为它只有乳品基础代乳粉的能量和蛋白质的90%。如果代乳粉的蛋白质来源是奶或奶制品，那么要求蛋白质含量在20%以上，这也是美国标准委员会的标准；如果含有植物性的蛋白质来源（如经过特殊处理的大豆蛋白粉），就要求蛋白质含量高于22%，比如我国的牛代乳粉标准中规定蛋白质为22%。这一方面是因为植物蛋白质氨基酸平衡不如奶源蛋白质；另一方面是因为犊牛的消化系统发育不完全，不能产生足够的蛋白质消化酶来消化这些植物蛋白质，特别是21日龄以前的犊牛，使用全乳蛋白的代乳粉吸收效果会更好。有的公司产品使用小麦蛋白粉、肉粉、蛋类、鱼粉等原料。这类代乳粉，由于消化率太低，淀粉含量过高，以及成本等因素，应用时应当慎重和仔细研究。蛋白质含量虽然相同但来源不同，生产性能表现差异会非常大。

（2）脂肪及来源。脂肪除能提供犊牛快速生长所需要的能量外，可降低腹泻的发病率，使毛发亮，低应激反应等；同时，还可提高增重率，改善体况，减少腹泻。代乳粉中0~30%脂肪含量对腹泻影响的试验表明，随着含量的增加，腹泻发生率也相应降低；但超过15%时就不能再降低了。在代乳粉脂肪含量对增重的影响试验中，15%比10%的增重率高，20%比15%的增重率高，但超过20%对增重率就没有影响了。需要指出的是，过高脂肪水平不仅会增加成本和质量风险，还会抑制干物质的采食量，影响犊牛采食开食料，延迟采食精料的时间。虽然研究表明代乳粉中的脂肪含量10%是可以接受的，但考虑到养殖企业中的应激因素，一般的推荐量是15%~20%。我国的牛代乳粉标准中规定脂肪含量为12%，美国标准委员会2001年标准中规定脂肪含量为16%。

脂肪的添加方式可直接影响到代乳粉的使用效果，目前较为理想的方法有二，一是将脂肪和其他代乳粉原料成分进行均质处理，将脂肪强化加入代乳粉；二是将脂肪进行真空扩散或喷雾干燥加入代乳粉。

脂肪来源可以是乳脂肪，也可以是植物油，但其加入代乳粉的过程非常重要，一定要以小颗粒形态均匀混悬代乳粉中，以利于消化。有的人常问：全奶中的脂肪含量按干物质计约30%，比代乳粉中的高多了，是不是代乳粉营养不够？这是不对的。首先，试验证明代乳粉中的营养是够用的，能够满足犊牛的生长需要。全奶中脂肪含量高的原因主要有以下几点：一是长期培育的结果，长期以来人们以高乳脂率为选育目的，所以造成了脂肪高才能满足人们的需要；二是现在的奶牛是在良好的养殖环境、现代化管理中饲养，其营养和能量需要当然就比野生条件下少多了；三是开食料的因素，现代化养殖断奶早，好的开食料能够使犊牛不再完全依赖生奶获得营养。

（3）乳糖及来源。代乳粉最好的碳水化合物来源是乳糖，代乳粉中不能含有太多的淀粉（如小麦粉和燕麦粉），也不能含有太多的蔗糖（甜菜）。由于犊牛没有足够的消化酶去分解和消化它们，所以太多的淀粉和蔗糖会导致腹泻和失重，淀粉含量过高是造成3周龄内的犊牛营养性腹泻的主要原因。另外，微量元素和维生素也是犊牛所必需的，因为犊牛瘤胃功能发育不完善，瘤胃微生物不能合成所需的多种维生素。

（4）矿物质及来源。矿物质的添加主要采用有机矿物质和微量元素螯合盐等，以提供给犊牛生长发育足够的常量元素和微量元素。犊牛出生后，体内消化酶系统发育不够完善，根据犊牛消化酶的分泌，利用人工合成的酶制剂，强化营养物质的消化和吸收是现代代乳粉和传统代乳粉的区别之一。传统代乳粉往往通过添加抗生素控制犊牛的腹泻，而目前采用的方法是，在代乳粉中提供益生原和益生素，通过调整犊牛消化道中的微生态平衡，理顺有益微生物的繁衍，促进消化；同时通过刺激犊牛本身的免疫系统，增强犊牛对疾病的抵抗能力。

3. 可溶解性、分散性

这是评定消化利用率和加工质量的指标。犊牛哺乳期间以消化液体饲料为主，奶和代乳奶通常通过食管沟直接进入皱胃，如同单胃动物一样消化各种营养物质，但是哺乳早期犊牛自身体内的消化酶分泌量和种类都不足，不能消化过多的不溶成分，因此代乳粉原料的可溶性直接决定着其消化利用率。良好的胶体分散性是保证犊牛个体营养成分进食均匀性的重要条件。如果个别犊牛进食过量的不溶性营养物质，势必增加消化道消化负担，容易引起营养性腹泻等问题。因此，代乳粉的原料颗粒度十分重要。

4. 保健性和安全性

由于犊牛抵抗力弱，自身免疫系统发育不完善，对疾病的抵抗能力主要依靠初乳所提供的抗体来维持。代乳料的原料选择、加工、包装、发运过程必须符合食品级卫生指标的要求，防止原料和成品的杂菌污染，因为这是引发细菌性腹泻的根源。因此，要求代乳粉生产企业必须制定严格的采购、生产、预防等各环节质量控制措施，认真执行生产工艺和卫生安全标准，做到专用场地、专用设备、专用原料、专用包装、专门清洁、专人负责等一系列质量保证措施，杜绝与生产常规饲料相交叉，全方位保证产品的安全性。

5. 产品的适口性

取决于原料的选择和配比，不能为了降低成本不顾产品的适口性，这会直接影响犊牛的采食积极性和采食量，降低犊牛增重；也不能过分强调适口性而大量增加乳清粉用量，忽视其他营养成分（蛋白、脂肪、维生素）的均衡性。

综上所述，选用代乳粉时要注意以下几点：一是蛋白和脂肪的含量；二是蛋白和脂肪的来源；三是原料的质量，是食品级还是饲料级；四是公司的信誉和技术实力。这些可能没有标注在标签上，但都对代乳粉的价格产生影响。

（三）过渡问题

从喂初乳或生奶向喂代乳粉需要3~4 d的过渡期以使犊牛逐渐适应代乳奶（代乳粉冲调出的），避免突然改变引起的胃肠不适。基本原则是：开始喂代乳粉的第1 d，代乳奶占1/4，生奶占3/4；第2、第3 d代乳奶和生奶各占50%。第4 d代乳奶占3/4，生奶占1/4。从第5 d开始全部喂食代乳奶。有些奶牛场采用每天增加20%代乳奶的方法过渡。

二、饲喂用具和饲喂温度

包括较大的容器，如铁桶、木桶、塑料桶、水舀、搅拌勺或木棒、小桶等，用以使饲料奶粉与温水充分混合、搅拌均匀并分发至每头犊牛。喂奶后，必须将容器、用具等清洗干净。

代乳粉经过冲调、搅拌后，分发到每头犊牛时，温度已经自然降低。冬季的饲喂温度应当高一些，大约在40℃。夏季温度稍微低一些，大约在37℃。

三、使用代乳粉的要点

（一）生奶优于代乳粉的问题

生产实践中多数生产者持有"生奶优于代乳粉"的观点，认为生奶容易取得、方便、营养丰富。实际上就目前规模化养殖场和饲养小区而言，生奶的取得十分不便，必须从（奶厅）制冷槽中取得，每天3次；还必须进行额外加热，才能应用到犊牛饲喂中；而且，乳源性传染疾病的风险是无法消除的（通过初乳或牛奶从母牛传播给犊牛的病原体主要有：副结核分枝杆菌、牛病毒性腹泻（BVD）病毒、牛白血病病毒、埃希氏大肠杆菌、沙门氏菌族、霉形体属、巴氏杆菌属、金黄色葡萄球菌）。如果对生奶进行巴氏杀菌处理，其成本和不便远超过使用代乳粉，营养损失大，饲喂价值也会低于代乳奶。从营养角度分析，现代奶牛产奶是为人服务的，并非为犊牛服务的。多年培育的结果是推动奶牛产奶符合人类营养需要，因此，认为生奶是犊牛最佳食品的观点值得商榷。

代乳粉是根据犊牛生长发育需要，经过科学配比、精心选料生产出的工业化产品，质量稳定，安全卫生，营养充足合理。

（二）饲喂要点

代乳粉喂量以及其他饲料的喂量要根据外界温度的变化情况进行适当的增减，调整所需的能量。一般当温度达到-5℃时，维持能量应增加18%左右；达到-10℃时，维持能量应增加26%左右。另外，当温度较高时也要增加维持能量，到达30℃时应增加11%。犊牛断奶阶段要提供充足的饮水，通常该阶段的饮水量能够达到所采食干物质的6~7倍，注意春、冬季温度较低时要供给温水，且要适当控制饮水量。在犊牛日粮供给方面，要确保精料采食量适宜，通常1月龄应达到每天采食1 kg精料，2月龄应达到每天采食2 kg。犊牛断奶的初期容易出现皮毛光泽度差，增重偏低，精神较差，这主要是由于该阶段其瘤胃机能还没有发育健全，吸收营养较少。犊牛直到6月龄时，相对增重都相对偏低，因此要在增长速度较快的8~12月龄阶段采取补偿饲养，确保其从初生到18月龄时平均日增重能够达到630~690 g，后期体重为380~400 kg，24月龄产犊后的体重为430~500 kg，这样对其成熟后头胎产奶量以及终生产奶量都不会产生不良影响，反而还能够有所提高。

（三）代乳粉的成本

工业奶粉加工过程中，浓缩奶在高温高压环境中喷雾干燥，乳脂肪和乳蛋白基本保留，矿物质、微量元素损失一些，维生素损失最多，因此使用工业奶粉还原牛奶或制作配方奶粉时都要添加矿物质、微量元素，尤其是维生素，不添加任何营养物质使用工业奶粉直接饲喂，必然对犊牛的生长发育造成不利的影响。奶粉冲调前需添加矿物质、微量元素和维生素（但需要搅拌均匀）到水中，添加量很难做到精准掌握，而且操作不方便。

第二节　开食料

犊牛开食料是断奶前后专门适应犊牛营养需要的混合精饲料。在制作时强调适口性强、易消化且营养全面，其形状为粉状或颗粒状，但颗粒不应过大，一般以直径为 0.32 cm 为宜。犊牛从出生到 6 月龄断奶前后，这一阶段犊牛瘤胃发生巨大变化，由瘤胃未发育、需要哺乳的单胃动物转变成瘤胃发育完全、正常反刍的复胃动物，犊牛对于营养的需求也变得多样性，仅哺乳已不能满足犊牛的营养平衡。饲喂科学配方的开食料，不但可以弥补乳的营养不足，为犊牛提供丰富的营养物质，还可以促进犊牛瘤胃发育，保证其成年后的生产性能和繁殖性能。

一、犊牛瘤胃的发育

从理论上来讲，犊牛断奶日龄和体质量，应以能独立采食饲草和精料来获得营养为准。犊牛早期断奶要以其特殊的消化生理特点为依据。瘤胃是反刍动物重要的消化器官，在不影响其正常发育的前提下，促进其尽早发育，使牛充分发挥其生产性能。犊牛刚出生时，其消化系统的功能与单胃动物相同，皱胃是唯一发育完全和有消化功能的胃，小牛主要以吸收液态牛奶来获取营养。瘤胃容积小，而且犊牛 1~2 周龄时几乎不反刍，3 周龄迅速发育，3~4 周龄才开始反刍，3~8 周龄为过渡阶段，8 周龄以后为反刍阶段。在此阶段，前三胃的消化功能还没有建立，主要靠皱胃进行消化。犊牛出生时，缺乏胃液的反射，直到吮吸初乳进入皱胃后才开始刺激皱胃分泌胃液，才具有初步的消化机能。此时皱胃中仅有凝乳酶参与消化，胃蛋白酶作用很弱，因此不可以消化植物性饲料。犊牛胃蛋白酶产生较晚，一般在犊牛出生 2 周后。犊牛的唾液和胰液中存在脂肪消化酶，所以犊牛能消化脂肪和乳糖，而且 8 周龄时胰脂肪酶活力达最高水平。但哺乳以后，乳糖酶产生量逐渐减少。麦芽糖酶的含量在犊牛出生以后增加很快，使犊牛逐渐具有消化利用淀粉的能力。犊牛或成年牛肠道中蔗糖酶没有活性，因此向饲料或牛乳中添加蔗糖会造成犊牛消化不良，要根据消化酶产生的时间为犊牛提供易消化的营养物质。

二、开食料

犊牛开食料也称犊牛代乳料，是根据犊牛的营养需要用精料配制的，它起着促使犊牛由以奶为主的营养向完全以植物性饲料为主的营养过渡作用。开食料最好采用营养全面、消化率高、使用方便的颗粒料，要求具有良好的适口性、低含量的粗纤维、高含量的蛋白质（蛋白质含量通常为15%~20%）等特点。其形状为粉状或颗粒状，但颗粒不应过大，一般以直径为0.32 cm为宜。犊牛开食料的质量对于早期断奶的实施至关重要。让犊牛出生后第2周使用，在低乳饲喂条件下，犊牛采食代乳料的数量逐渐增加，逐渐开始习惯精饲料和粗饲料，如果在母牛食槽上加设小牛用的采食护栏（既能模仿母牛采食，又能防止母牛吃犊牛料），30日龄犊牛的采食量可达300 g以上。

犊牛精料应有良好适口性，粗纤维含量低而蛋白质含量高（15%~20%）。一般来说，犊牛出生15~20 d即可训练其采食，先涂抹在口角和鼻端任其舔食，每天喂量10~20 g，数日后可增加至80~100 g，1月龄日采食量达250~300 g，2月龄时达500 g。但在饲喂中应严格注意饲喂量，以免饲喂过量引起消化不良或瘤胃臌气。犊牛断奶时间主要取决于精料的采食量，当连续3天采食超过0.5 kg精料即可考虑断奶。

（一）蛋白质含量及来源

不同的蛋白质原料来源均能满足开食料中的蛋白需要。开食料中最广泛使用的蛋白质原料是大豆粕。其他的蛋白来源原料也被广泛使用，如亚麻粕、棉籽粕、菜籽粕、热处理大豆或粉碎挤压大豆。犊牛由于瘤胃微生物体系并不完善，所以通常不在犊牛开食料中使用非蛋白氮。此外，在开食料中添加氨基酸也未表现出促进作用。

多数研究认为，开食料中适当的蛋白比例有利于犊牛的生长。由于犊牛饲料采食量变异很大，根据犊牛开食料日粮百分比表示粗蛋白需要量会造成误导。粗蛋白水平对于初生犊牛是充足的，由于犊牛在4~6周龄前仍会采食奶或代乳粉，而干饲料的早期采食量低。因此，若犊牛在4周龄前进行断奶，需要的开食料蛋

白含量较高。

尽管国外对犊牛开食料蛋白质需要进行了一些研究，但结果并不一致。多数研究认为，从出生到8~10周龄犊牛开食料中粗蛋白含量应为16%~18%，然而也有一些不同的结论。以含12%~13%粗蛋白的开食料饲喂犊牛，其生长性能与饲喂更高蛋白的结果一致。Leibholz和Kang发现犊牛日粮中粗蛋白含量为15%，可以与18%的蛋白水平获得相同的增重效果，然而氮沉积较低。还有研究表明日粮中14.3%和26%的粗蛋白可以获得相似的生长效果，但粗蛋白为26%的日粮有较高的氮正平衡。许多因素都会影响犊牛对蛋白的消化，如饲喂方式（自由采食或限饲）、日粮中的可消化能量、蛋白的溶解度和日粮的加工方式等。Crowley等建议犊牛开食料中的蛋白含量应为干物质的15%~20%。

（二）能量来源及水平

对于饲喂牛奶或代乳料再补加开食料的犊牛，规定开食料干物质的代谢能用于维持和生长的效率分别为75%和57%。

无论犊牛采食哪种饲粮，维持性能和生长性能的总需要量都不会发生变化，只是开食料的代谢能用于维持和生长的效率低于牛奶或代乳料。因此，若计算饲料总代谢能转化效率，则首先根据牛奶（或代乳料）和开食料的代谢能在总代谢能中的比例，然后将各自的转化效率加权计算。

（三）纤维含量及来源

开食料所需粗纤维取决于以下几个方面：开食料原料组成，尤其是谷物比例；饲料的粒径；采食水平。一旦开食料中粗纤维水平确定下来，开食料的其他组分也应适当选择以与使用粗饲料达到最佳配合。开食料中最常使用的粗饲料是粉碎或切碎的干草，其他的还有棉籽皮、甜菜渣、麸皮、干酒糟、大豆皮、燕麦等。

幼龄犊牛对粗饲料的消化和吸收比较困难，因而新生犊牛出生后6~8周内不喜欢采食干草。与淀粉和糖相比，干草和粗饲料中营养物质的发酵速度慢。因此，粗饲料发酵产生的挥发性脂肪酸比精料低。而且，粗饲料发酵产生的乙酸比例较高，丙酸和丁酸比例较低。而丁酸和丙酸是瘤胃发酵的主要刺激源。所以，在刺激瘤胃发育过程中，精料比粗料的作用大。

开食料中一定含量的粗纤维有利于犊牛增重。然而，很难确定开食料中应当含有的准确纤维含量。原因是这一结果受其他很多因素的影响，如粗纤维的来源、物理形态等。开食料中的纤维素低于5%~6%时将不能给犊牛带来最好的生产效益，而且使犊牛发生瘤胃膨胀。将 13.9% 的粗纤维简单混合在开食料中对犊牛的生产性能影响效果与开食料中含有 6% 的粗纤维结果相似。粗饲料的不同来源决定了其在开食料中的使用量。然而，多数研究表明，粗饲料在全混合开食料中的比例为 25%~35% 比较合理。

尽管人们一般不使用长干草作为犊牛开食料的组成成分，但仍推荐使用一些切短的粗饲料。精料含量很高而纤维含量很低的日粮会导致开食料采食量降低，瘤胃绒毛角质化且绒毛结构成簇等现象，并导致吸收营养物质能力减弱。通常推荐在开食料中添加 10%~25% 的粉碎或切碎的优质干草，或其他合适的粗饲料来源。实践证明，开食料中含有一些纤维饲料时会增加犊牛的干物质采食量和体增重。

（四）常量元素和微量元素

犊牛日粮除提供犊牛能量和常量营养元素外，还要满足犊牛特殊生长需要的微量元素，进一步提高犊牛的生产性能，而这一部分作用的主要由饲料添加剂来实现。使用饲料添加剂主要是为了提高代乳料的适口性，促进犊牛采食，全面满足犊牛生长发育的需要。犊牛代乳料添加剂主要有以下几类：

（1）维生素和矿物质。与成年牛不同，幼龄肉牛的瘤胃功能发育不全，不能合成或合成量不能满足犊牛所需的多种维生素，所以一些微量元素和维生素必须由饲料中添加，如维生素 B_{12}、Zn 等。维生素 A 可以通过降低自由基、单态氧等反应活性来调节免疫功能。而添加适量的硒和维生素 C 可提高犊牛的免疫力，减少犊牛腹泻率。

（2）酶制剂和益生素。犊牛在哺乳期消化系统发育不全，其消化酶的分泌不能适应早期断奶技术应用的要求。因此，有必要添加外源性酶制剂来辅助消化，提高饲料消化率，提高早期断奶的成功率。

（3）抗生素。莫能菌素属聚醚类离子载体抗生素，添加在饲料里能提高饲料利用率，节约饲料蛋白。

（4）酸化剂。肠道对日粮蛋白质的消化十分重要，然而犊牛消化机能不全，胃酸分泌不足，造成胃蛋白酶激活受限，容易导致小肠内细菌增殖，腹泻脱水。而饲料中添加酸化剂之后，可以激活消化酶，采用犊牛早期断奶技术可以取得较可观的效果，有利于乳酸杆菌的繁殖，提高消化机能，从而改善犊牛的增重速度和饲料利用率。

（5）调味剂。糖蜜是甜菜、甘蔗等制糖后的副产品，是一种褐色黏稠的液体，俗称糖稀，在大多数开食料中普遍使用，具有降低粉尘，增加适口性，提高采食量的作用。由于干燥乳清粉是优质的动物性蛋白源，因此也被应用于开食料中以改善适口性，尤其是可用于诱导犊牛更早地开始采食开食料。

（6）其他。在牛饲料中添加高氯酸盐可提高牛的增重，降低料重比，且屠宰后体内无残留，尤其对犊牛的培育有显著效果；另外，在犊牛饲料中添加适当药物有促进代谢、促进生长、减少腹泻等效果。

三、高质量清洁饮水

犊牛生后 1 周，在饲喂牛奶、代乳粉和开食料的同时，还应给犊牛补充足够的清洁及新鲜的饮水，注意水温和饮水质量。研究表明，饮水对犊牛开食料的采食量影响很大，当饮水不足或不给其饮水时，开食料的采食量不及 1/3，日增重减少 41%。此外，代乳品应稀释至固形物含量不高于 20%，保证自由饮水以防过量采食钠和氯所引发的不适症。

四、开食料的过渡

在由牛奶到代乳粉的替换及精料的补饲过程中，由于饲料营养成分及状态的改变，犊牛可能会出现一些异常表现，如精神不振、喜卧、嗜睡等，主要是因为犊牛消化功能不健全，胃吸收能力差，暂时性营养吸收不足所致。此时要严格掌握饲料质量和饲喂标准，让犊牛在这种过渡性营养饥饿中稳定耐受，安全度过。

五、环境卫生与疾病防治

畜舍环境卫生的优劣直接影响到犊牛的发病情况，因此保持良好的卫生条件是预防疾病发生的关键措施之一。哺乳期犊牛应饲养在清洁、干燥、采光良好、空气新鲜且无贼风，避免受病原菌污染的专用犊牛栏中，及时清除粪尿和垫草，以防犊牛受潮、寒风侵袭和饮脏水，还应保证挤奶卫生。牛舍温度在 0~15℃，相对湿度 50%~70%，注意夏季防暑，冬季防寒。

六、犊牛开食料的营养生理作用

犊牛开食料的饲喂对于犊牛断奶的实施至关重要。在适当时机给犊牛易于饲喂的开食料有助于其消化系统的发育，促进犊牛瘤胃微生物区系的建立。

（一）促进瘤胃发育

犊牛出生后，消化系统不完善，具有消化作用的仅有皱胃，此时瘤胃并未发育，瘤胃内微生物区系尚未建立。犊牛采食初乳、常乳或代乳料等液体料时，食物不易进入瘤网胃，直接通过食管沟进入皱胃和小肠。仅当犊牛采食固体饲料，特别是易于发酵的碳水化合物类物质后，细菌群系才开始在瘤胃中建立、生长、栖居，犊牛瘤胃才会获得锻炼，促进其发育，随着瘤胃上皮细胞数量的增多，最终使犊牛获得消化纤维性饲料的能力。含有丰富可消化粗纤维的开食料，有利于瘤胃内微生物区系的建立，促进瘤胃体积的增长和瘤胃上皮细胞的增殖，从而刺激瘤胃的快速发育。对于评定瘤胃发育程度，一般通过对瘤胃上皮乳头高度、宽度、颜色、密度、瘤胃壁及肌肉层厚度等相关性状来描述瘤胃的组织形态学发育。据报道，瘤胃乳头的高度是衡量瘤胃组织发育的重要因素，其次是瘤胃乳头的宽度和瘤胃壁的厚度，瘤胃乳头表面积也是瘤胃黏膜代谢水平的重要体现。

（二）满足快速生长的营养需要

犊牛开食料中含有较高的能量和蛋白，可以满足犊牛快速生长的营养需求，提高犊牛的生长性能，为以后的育肥和产奶打下良好基础，保障其成年后生产性能的发挥。全乳中铁和维生素 D 含量较少，长期完全采用饲喂犊牛全乳的方式不能满足犊牛生长发育的营养需要，导致营养失衡。据研究，开食料的粗蛋白含量多在 16%~18%，代谢能达到 12.54~14.63 MJ/kg。开食料中含有足够量的矿物质、维生素和微量元素，弥补牛奶中某些营养物质的不足。因此必须适时适量地对犊牛补充开食料。

七、饲喂方式

（一）单栏饲喂

单栏饲养既有利于犊牛健康、也方便管理和代乳粉的使用，可以避免犊牛因过度拥挤造成采食不均，从而减少犊牛生长发育不均衡的现象；还可以降低竞争性采食，进而降低瘤胃异常发酵引起的新生犊牛腹泻等问题。同时，也可为某些特定的奶品应用和试验提供方便。因此，建议在单栏饲养犊牛中采用此项技术，至少在犊牛喂奶时做到单栏饲养。

（二）饲喂时间及方法

犊牛早期断奶是降低犊牛培育成本的重要措施。目前犊牛早期断奶成功的关键在于如何使犊牛较早适应固体饲料。使用良好的开食料是实施这一措施的有效步骤。

研究表明，犊牛在3周龄时饲喂开食料最为适宜，饲喂过早或过晚都会对犊牛生长发育和健康不利。因为出生犊牛的瘤胃和网胃内微生物区系尚未建立，不具备消化纤维性饲料的能力，犊牛只能靠进入真胃的乳汁提供营养。若此时饲喂开食料会加重犊牛真胃的负担，引起疾病。如果饲喂过晚，犊牛的消化道长期依赖乳汁，前胃因得不到充分的锻炼而发育缓慢，待犊牛到了青年和成年阶段极易因为消化道容积过小而进食过少，从而影响牛的生长、发育和健康。犊牛3周龄后其前胃迅速增大，微生物随少量的食物和饮水进入前胃，犊牛开始出现反刍现象，此时可以饲喂颗粒状的开食料。这样既能避免因前胃过于幼嫩而使犊牛发病，又可使前胃的发育加快，促使瘤胃内微生物和纤毛虫的大量繁殖，使其消化固体饲料的能力逐渐增强，为以后采食大量粗饲料打下良好基础。

犊牛出生后第4 d就可以开始采食犊牛料，开始时每次喂奶时在奶桶里放上犊牛料，诱导牛只采食，以后给牛只放上适当数量的犊牛料让牛只自由采食，饲喂一定要少喂勤添。采取45 d断奶，断奶标准是牛只连续3 d采食1 kg犊牛料时逐步减少牛奶饲喂量或者用40℃凉开水稀释牛奶，进行断奶过渡，断奶过渡期为10~15 d，这样可以防止断奶给牛只带来应激。

（三）饲喂要点

犊牛4日龄左右开始，就可以进行开食料的采食训练。此时为促使犊牛能够尽早熟悉开食料，可在牛奶中添加适量的开食料，诱导其进行采食。犊牛采食相对比较粗糙的开食料主要目的是促使瘤胃发育。犊牛小于90日龄时，以饲喂犊牛开食料为主；90~120日龄阶段，以犊牛开食料作为基础，同时添加犊牛混合料，逐渐进行换料过渡，且还可以每天喂给优质苜蓿0.5 kg；大于120日龄时，饲喂1.5 kg犊牛开食料和1.5 kg犊牛混合料，且每天喂给优质苜蓿1 kg和泌乳前期全混合日粮5 kg。需要注意的是，青贮类发酵饲料不能在犊牛哺乳阶段饲喂。36日龄左右的犊牛要进一步增加开食料的饲喂量，减少乳品的喂量，尽可能避免发生应激，为断奶做好充分准备。

根据犊牛每天实际的采食量来确定断奶时间，因此在35日龄开始需要对开食料日采食量进行测定，如果日采食量连续3 d都超过1 kg，才能够准备实施断奶；如果日采食量在37日龄仍旧没有超过1 kg要人为减少哺乳量，从而使其尽量采食较多的开食料。因此，在犊牛采食量连续3 d都处于1~2 kg水平时，同时每天的平均增重能够达到0.7~0.85 kg时，此时才可实行断奶，但要注意不能够在恶劣天气或温度突然变化的情况下进行断奶。犊牛断奶后，要先进行1周左右的单独饲喂，然后再转入小圈，以使其逐渐适应群居生活。

犊牛从母乳替换成代乳粉以及补饲精料的过程中，因饲料状态以及营养成分发生改变，导致其可能表现出一些异常行为，如嗜睡、喜卧、精神萎靡等，这通常是由于犊牛还没有健全的消化功能，且胃肠的吸收能力较差，暂时性吸收较少营养所引起。此时必须确保饲料质量，并严格遵守饲喂标准，使其在这种过渡性营养饥饿状态中稳定耐受，从而安全过渡。犊牛彻底断奶后，依旧要在原犊牛栏中继续饲养1~2个星期。在这个过程中，要防止外界环境造成的应激，同时要保证饲料和优质干草与断奶前的配比完全相同，防止由于饲料配比发生变化而造成应激变化的出现。犊牛断奶1个星期后，一般每天的采食量都会加倍，但注意每头每天的最高采食量控制在2 kg左右。

（四）40天早期断奶方案（举例）

犊牛应用早期断奶技术可节约大量牛奶，节省劳动力，降低培育成本，提高牛群质量和生产水平。犊牛早期断奶法，原则是在保持一定的生长速度前提下（不要饲养过度，也不可饲养不足），哺乳期为40 d，饲喂方案大体如下：

（1）犊牛出生后1 h内应尽快哺喂充足的初乳；出生后1~3 d，每天人工喂3~4次初乳，每次0.8~2.0 kg。

（2）第4~7 d，每天可喂混合母乳（代乳粉和母乳混合）4 kg，分4次饲喂，日给量为犊牛体重的1/8~1/6；从第4 d开始补饲犊牛开食料，也叫犊牛代乳料，每天少加一点，可在牛奶中混入，一定要保持新鲜不变质，诱导训练犊牛采食；第7 d开始在犊牛栏的草架内添入优质青草或柔软干草料，让犊牛练习，任其自由咀嚼采食。随着饲养日数的增加，逐渐增加草料喂量。

（3）第8~35 d，每天喂常乳4~6.5 kg，分3次饲喂，同时补饲0.4~0.7 kg日粮。

（4）第36~40 d，每天喂常乳4.5~5 kg，分3次饲喂，同时补饲0.5~0.7 kg日粮。

（5）第41 d，断奶，补饲1.5 kg以上日粮。

（6）断奶后，单独饲喂一个星期左右后入群圈饲，适应群居生活，注意断乳后犊牛日粮的增补和饲养管理。

参考文献

景许连 . 2013. 犊牛早期补料及早期断奶技术 ［J］. 中国乳业 （1）：46-48.

张祥 . 2007. 不同乳铁蛋白含量的代乳粉对犊牛生长发育的影响 ［D］. 扬州：扬州大学 .

刘晓峰 . 2009. 代乳粉：保证犊牛健康、降低培育成本的关键措施 ［C］. 北京：中国奶业
协会 . 中国奶业协会年会论文集 2009 （上册） .

孟秀荣 . 2010. 选择和使用犊牛代乳粉的方法 ［J］. 中国乳业 （4）：92-95.

李亮 . 2010. 青海高原放牧牦牛犊培育料的研制与效果评价 ［D］. 青海：青海大学 .

毛东杰，刘秀梅 . 2006. 犊牛早期断奶的饲养管理要点 ［J］. 黑龙江畜牧兽医 （11）：
36-37.

赵晓静，李建国，李秋风，等 . 2005. 早期断奶犊牛的饲喂与管理 ［J］. 饲料研究 （9）：
57-59.

郭敏增，郑成江，宋桂敏，等 . 2011. 代乳粉代替鲜牛奶对早期断奶犊牛生长及健康状况
的影响 ［J］. 中国奶牛 （22）：9-11.

第七章　环境管理

第一节　环境要求

小气候条件是保障家畜健康、减少疾病的重要外界环境条件。牛舍内的温度、湿度、气流活动、光照、二氧化碳、氨、硫化氢、微生物、颗粒物等构成牛舍的小气候。在不断变化的牛舍小气候中，奶牛通过自身的调节机制，使机体与环境之间物质和能量交换处于动态平衡状态，但这种适应性调节能力是有限的，当牛舍小气候变化超出其适应范围时，机体与环境之间的平衡与统一被打破，奶牛的健康和生产力将会受到影响。舒适的环境可以充分发挥奶牛的生产潜能，提高饲料利用效率。因此需要做好牛舍内环境控制，提高奶牛舒适性。建筑牛舍，根据南北方差别及气候因素，对牛舍的温度、湿度、气流、光照及环境条件都有一定的要求，只有满足牛对环境条件的要求，才能获得良好的饲养效果。

一、温度

空气温度是影响家畜健康和生产力的首要温热因素。我国饲养的奶牛主要是荷斯坦奶牛，其体型大，单位体重的散热面积小，主要散热区集中在前胸和前腿部，而奶牛浑身长有细密短毛，汗腺不发达，皮肤蒸发量少，使热不易散发；瘤胃中的饲料发酵产生大量的热，再加上产奶量高，新陈代谢旺盛，这些因素均导致了奶牛散热负担重，决定了奶牛尤其是高产奶牛有耐寒怕热，对高温非常敏感的特性。

在没有降温和采暖设施的牛舍中，舍内温度主要是由牛体本身的散热、太阳辐射获得的热量、地面等潮湿物体表面水分蒸发散失的热量、牛舍通风换气散失的热量和牛舍外围护结构散失的热量综合决定。

气温对牛体的影响很大，影响牛体健康及其生产力的发挥。研究表明牛的适宜环境温度为 5~21℃，牛舍温度控制在这个温度范围内，牛的增重速度最快，高于或低于此范围，均会对牛只生产性能产生不良影响。温度过高，则牛的瘤胃微生物发酵能力下降，影响牛对饲料的消化；温度过低，一方面降低饲料消化率，另一方面牛因要提高代谢率，以增加产热量来维持体温，而显著增加了饲料的损耗。犊牛受低温影响产生的负面效应更为严重，因此夏季做好防暑降温工作，冬季要注意防寒保暖。因个体差异对环境温度要求不同，针对不同情况，适时做出调整（表 7-1~表 7-3）。

表 7-1   产期母牛及犊牛对饮水的温度要求　　　　　　　　　（单位：℃）

牛的类型	最适温度	最低温度	最高温度	夏季	冬季
哺乳犊牛	12~15	6	27	20	20~25
产期母牛	15	10	25	20	25

表 7-2   奶牛舍内适宜温度和最高最低温度　　　　　　　　　（单位：℃）

牛舍类型	适宜温度	最低温度	最高温度
犊牛舍	18~25	15	32
产房	15	10	27
哺乳犊牛舍	20~25	15	32

表 7-3   肉犊牛的适宜温度及生产环境要求　　　　　　　　　（单位：℃）

种类	适宜温度范围	生产环境要求	
		低温（≥）	高温（≤）
犊牛	15~25	5	32

1. 热应激

热应激给奶牛健康和泌乳带来严重影响。在行为、生理方面，发生热应激的奶牛精神沉郁萎靡，张口喘息，呼吸浅快，大量出汗，饮水、排粪、排尿次数增加，站立或游走时间缩短，卧息时间延长，体温和直肠温度上升，心率加快，采食量下降，反刍时间缩短，挑食（喜食精料，厌食粗料），蛋白和脂肪利用率降低，体内电解质含量下降。在生产性能方面，大量研究表明，温度和产奶量之间呈强负相关。在免疫功能方面，热应激还诱发奶牛代谢性疾病，导致奶牛消化代谢、内分泌系统、血液酸碱平衡、酶活性改变，机体抗氧化能力下降，乳腺上皮细胞凋亡，免疫功能受损，容易发生热射病（中暑），严重时甚至导致奶牛死亡。在繁殖性能方面，热应激通过直接影响卵巢、子宫、胚胎和早期胎儿而影响奶牛的繁殖成功率。这些影响包括减少卵泡膜细胞和颗粒细胞类固醇类激素的合成与分泌，危害卵母细胞质量，延迟卵泡的选择，改变卵泡波长度，使卵泡发育迟缓、黄体期延长、发情持续时间缩短、发情周期延长、发情表现不明显、受精能力下降、胎衣不下增多、子宫内膜炎增加。

2. 冷应激

在慢性冷应激期奶牛行为、生理方面表现为站立或游走时间缩短，卧息时间延长，饮水次数减少，排粪、排尿次数增加，反刍时间增加，呼吸频率下降，维持需要能量增加，采食量增加。在生产性能方面，低温会使奶牛的产奶量降低。在免疫机能方面，慢性冷应激诱导奶牛糖皮质激素分泌过多而使机体免疫功能受到抑制，使奶牛外周血中白细胞总数、淋巴细胞数和单核细胞数都显著降低，机体抵抗力下降，易导致疾病的发生，如低温对奶牛的上呼吸道黏膜有刺激作用，长期的冷应激，使奶牛易患关节炎、皮肤炎症、呼吸道疾病和消化道疾病。据报道，在低温季节奶牛隐性乳房炎的发病率也会显著升高。在内分泌方面，冷应激可引起奶牛血清中肾上腺素、胰高血糖素和醛固酮含量的显著升高，降低血清中生长激素和催乳素含量，抑制奶牛的反刍行为。

3. 缓解冷热应激措施

奶牛适宜的环境温度范围是 10~25℃，温度过高或过低对奶牛的生产性能和健康都会产生影响。当外界环境温度维持在 7~27℃时，哺乳犊牛可以保持相对恒定的体温。因此在犊牛舒适度管理过程中，炎热夏季应该做好防晒降温工作，如喷淋与风扇相结合：0.5 min 喷淋+4.5 min 吹风；牛床上方设置风扇，每 12 m 一个 1.2 m 的风扇；饲槽线上设置喷淋和风扇等。在寒冷冬季，密闭保温的哺乳犊牛舍也需要适当补充热量以减少温度波动给犊牛带来的不良影响（图 7-1）。

二、湿度

奶牛舍内的水汽主要来自家畜的呼吸、潮湿地面、粪尿和垫料等的蒸发。奶牛最适宜的空气湿度为 55%~80%，过高或过低的空气湿度都会对奶牛产生不利的影响（表 7-4）。当空气湿度过低时，粉尘飘浮在空气中，易引起呼吸道感染；奶牛的皮肤和外露的黏膜发生干裂，防卫能力减弱，使病原微生物乘虚而入引发

图 7-1　使用浴霸灯和厚棉帐篷围成简易暖室

肺炎、败血症等疾病；在高湿的情况下，奶牛机体抵抗力下降，空气中容易滋生各种病原微生物，饲料、垫草易发霉，使奶牛易患湿疹、疥癣等皮肤病。无论环境温度的高低，高湿都会对奶牛的热调节产生不利的影响。在高温的环境中，奶牛主要依靠蒸发散热，但如果环境湿度过高会抑制蒸发散热，使奶牛的散热变得困难；在低温高湿的环境中，奶牛的被毛吸收了空气中的水分，提高了被毛的导热系数，显著增加了奶牛的非蒸发散热量，使机体感到更冷，长期生活在低温、高湿环境中的家畜，将会增加患感冒性疾病的概率。湿度有时对奶牛的繁殖会产生影响，当环境温度超过35℃时，奶牛的繁殖率与相对湿度呈显著负相关，当环境温度低于35℃时，两者相关性很小。高湿可降低犊牛的日增重。在一项试验中，将两组犊牛分别饲养在相对湿度为75%和95%的环境中，舍内温度均为7℃，饲养6个月后，前者较后者的日增重高14.39%。

由于牛舍四周墙壁的阻挡，空气流通不畅，牛体排出的水汽，堆积在牛舍内的潮湿物体表面的蒸发和阴雨天气的影响，使得牛舍内空气湿度大于舍外。湿度对牛体机能的影响，是通过水分蒸发影响牛体散热，干涉肉牛体热调节。高温多湿会导致牛的体表水分蒸发受阻，体热散发受阻，体温上升加快，机体机能失调，呼吸困难，最后致死，是最不利于牛生产的环境。低温高湿会增加牛体热散发，使体温下降，生长发育受阻，饲料报酬降低，增加生产成本。此外，空气湿度过高，也会促进有害微生物的滋生，为各种寄生虫的繁殖发育提供了良好条件，引发一些疾病，特别是一些皮肤病和肢蹄病发病率增高，对牛只健康不利。

在高温或低温时，湿度升高加剧了对牛生产性能的不良影响。空气湿度在一定范围内时，对牛体的直接影响不太显著，但高于90%则对牛产生较大危害。因此，牛舍内的空气湿度不应超过85%。

哺乳犊牛需要干燥、无贼风的环境，相对湿度的要求在50%～70%，所以犊牛舍需要加大牛舍的通风量，将牛舍内水汽排出，如增大牛舍窗户的面积、增加地窗，有条件的养殖场还可考虑安装通气扇；节约用水，如对产房和保育阶段的牛舍控制用水，尤其减少地面用水，及时清理地面的积水；地面撒生石灰，利用生石灰具有吸水、消毒的特点可以降低牛舍的湿度，控制湿度在合适的范围，从而为犊牛创造舒适的环境。

表 7-4　湿度对奶牛产奶量的影响

温度（℃）	相对湿度（%）	产奶量（%）		
		荷斯坦奶牛	娟姗牛	瑞士褐牛
20	低（38）	100	100	100
20	高（76）	96	99	97
34	低（46）	63	68	84
34	高（80）	41	56	71

注：以20℃，相对湿度38%的产奶量为100%

三、气流

空气流动（又称风）可使牛舍内的冷热空气对流，带走牛体所产生的热量，调节牛体温度。畜舍内的气流速度反映了畜舍的换气程度。良好的气流速度目的在于为牛舍提供新鲜空气、排出空气中有害物质、减少灰尘、消除恶臭，除湿和散热，同时避免贼风（表7-5）。对此不能打折扣，否则将不利于哺乳犊牛健康发育。适当空气流动可以保持牛舍空气清新，维持牛体正常体温。牛舍气流的控制及调节，除受牛舍朝向与主风向进行自然调节以外，还可人为进行控制。例如夏季通过安装电风扇等设备改变气流速度，冬季寒风袭击时，可适当关闭门窗，牛舍四周用蓬布遮挡，使牛舍空气温度保持相对稳定，减少牛只呼吸道、消化道疾病。气流速度在 0.01～0.05 m/s 表明畜舍通风换不良，如果大于 0.4 m/s，表明舍内有风，对畜舍保温不利。一般舍内气流速度以 0.2~0.3 m/s 为宜，夏季高温期间，增加舍内的气流速度，使奶牛的对流和蒸发散热量增加，易于维持机体的热平衡，降低奶牛的体感温度，从而减少热应激，增加舒适性。气温超过30℃的酷热天气，气流速度可提高到 0.9~1.0 m/s，以加快降温速度。冬季舍内的气流速度应在 0.1~0.2 m/s，气流速度过大可显著增加非蒸发散热量，提高奶牛的产热量，使奶牛感到寒冷。在−7.8~−6.7℃的低温中气流速度由 0.2 m/s 增加到 4.5 m/s 时，奶牛的产热量增加了 20%~35%。

表 7-5 犊牛舍通风次数和通风量

气候条件	每小时牛舍需要通风次数	每头犊牛需要的通风量（m³/min）
炎热夏季	60	2.83
初夏	30	1.84
春秋季	12	0.85
寒冷冬季	6	0.42

四、光照强度

增加光照时间对牛体生长发育和健康保持有十分重要的意义。阳光中的紫外线具有强大的生物效应，照射紫外线可使皮肤中的 7-脱氢胆固醇转变为维生素 D，有利于日粮中钙、磷的吸收和骨骼的正常生长和代谢；紫外线具有强烈的杀灭细菌等有害微生物的作用，牛舍进行阳光照射，可达到消毒的目的。冬季，光照可提高牛舍温度，有利于牛的防寒取暖。阳光照射的强度与每天照射的时间变化，还可引起牛脑神经中枢相应的兴奋，对肉牛繁殖性能和生产性能有一定的促进作用。采用 16 h 光照 8 h 黑暗，可使育肥肉牛采食量增加，日增重得到明显改善。一般情况下，牛舍的采光系数为 1:16，犊牛舍为 1:10~14。简略地说，为了保持采光效果，窗户面积应接近于墙壁面积的 1/4，以大些为佳。

合理延长光照时间，不但能使牛提高增重率，还能提高产奶量。试验表明，在奶牛泌乳的最初 60 d 内不改变饲料，让牛每天接受阳光的奶牛产奶量可提高10%~30%。对于犊牛光照可以刺激 PRL 分泌，促进其生长发育，同时增加淋巴球吞噬细胞的数量与活性，可提高日增重 5.2%。若自然光不足可用日光灯照明，泌乳牛自然和人工光照每日 18 h，犊牛和后备牛每日 14~18 h。光照强度：白炽灯 30 lx，荧光灯 75 lx。在中午阳光充足时，可以把牛赶出牛舍，让其在运动场运动和休息。

在夏季炎热高温季节，采取遮阴降温措施，减少日光直射，可以使奶牛的直肠温度下降 2~4.1℃，呼吸频率降低 29%~60%，干物质采食量增加 6.8%~23.2%，产奶量增加 22.7%。对于犊牛也应该减少日光直射，减少热应激的产生，增加其舒适度。

五、声音环境

奶牛对噪声较为敏感，特别是对金属制品之间相互摩擦产生的噪声敏感性较强，一些突发的怪异声响对奶牛应激特别大。有研究表明，强烈的噪声会使奶牛产奶量降低 4.99%，所以要求犊牛舍的噪音，白天不超过 90 dB、夜间不超过 50 dB。可设计封闭式牛舍，四面有墙和窗户，具有较好的隔声效果；场址选择远离城市、公路、铁路、飞机场及某些噪声较大的工厂等；养殖场内进行科学设计，使生产区不受干扰，避免人员、车辆及其他机械工作时产生的噪声干扰，从而为犊牛提供一个良好舒适的声音环境。

六、有害气体

在敞棚、开放式或半开放式牛舍内，空气流动性大，所以牛舍中的空气成分与外界大气相差不大。而封闭式牛舍，由于空气流动不流畅，如果设计不当（墙壁没有设透气孔或过于封闭）和管理不善，牛体排出的粪尿、呼出的气体以及排泄物和饲槽内剩余残渣的腐败分解，造成牛舍内有害气体（如氨气、硫化氢、二氧化碳）增多，诱发牛的呼吸道疾病，影响牛的身体健康。所以，必须重视牛舍通风换气，保持空气清新卫生。

奶牛场生产过程中，有害气体主要来自牛的粪便等废弃物产生的一些有气味的混合气体，其成分较多，主要是氨和硫化氢，氨主要由酶和细菌分解粪尿产生，硫化氢主要由新鲜粪便中含硫有机物降解产生。甲烷和二氧化碳气体由奶牛通过嗳气排出体外，也是不可忽视的污染。畜舍中，二氧化碳的卫生学意义在于它的含量表明畜舍的通风状况和空气的污浊程度，同时也表明空气中存在其他有害气体的可能性。氨气大量存在于家畜密集，通风不良，管理水平低的畜舍中，严重威胁着家畜的健康。在畜牧生产中，通常用二氧化碳和氨气浓度衡量畜舍内空气的新鲜程度。

NH$_3$主要来自粪便的分解。NH$_3$易溶解于水，常被溶解或吸附在潮湿的地面、墙壁和牛黏膜上。NH$_3$能刺激黏膜，引起黏膜充血、喉头水肿等。按照《农产品安全质量无公害乳与乳制品产地环境要求》（GB/T 18407.5—2003）规定，奶牛舍 NH$_3$的浓度应不大于20 mg/m^3。哺乳犊牛对空气质量要求非常严格，NH$_3$水平不能超过 5 mg/m^3。氨气浓度太高会侵袭损伤犊牛肺泡组织，引起炎症反应，从而为致病菌随后攻击呼吸系统创造有利条件。

牛舍的空气混浊程度可以用 CO$_2$的浓度来表示，但 CO$_2$并不对奶牛造成直接健康伤害。因此，CO$_2$浓度常作为卫生评定的一项间接指标。GB/T 18407.5—2003 规定奶牛舍 CO$_2$的浓度应不大于1 500 mg/m^3。

牛舍中的 H$_2$S，是由含硫有机物质分解产生的。当喂给牛丰富的蛋白质饲料，而机体消化机能又发生紊乱时，可排出大量的 H$_2$S。奶牛舍中 H$_2$S 的浓度应不大于 8 mg/m^3。H$_2$S 浓度过高对牛产生较大危害，同时也影响人体健康。如果通风不良或管理不善，硫化氢浓度显著增加，甚至达到使奶牛中毒的剂量，轻者影响产奶量，严重会导致死亡。

此外，GT/T 18407.5—2003 要求奶牛舍的可吸入颗粒（标准状态）不大于 2 mg/m^3，总悬浮颗粒物（标准状态）浓度不大于 4 mg/m^3，恶臭（稀释倍数）不小于 70。

因此每天应及时清理牛舍及运动场的粪尿、污水，以减少废气、废水、废渣的产生，减少蚊、蝇等害虫的产生。在清粪时，除了将地面粪便清理干净，还应将卧床、墙面上的粪便清理干净，卧床上被粪便污染的垫料要及时清理更换，使用车辆机械清理时，要注意控制车速和噪音，清理的粪便要进行无害化处理，尽量做到资源循环利用。定期对地面、围栏、器具、设备等进行消毒，杀灭环境内的病原微生物，提高奶牛的舒适度。因此犊牛舍勤通风换气，勤打扫清理，使有害气体浓度处在相对较低的环境中，从而为犊牛提供良好舒适的空气质量环境。

七、细菌密度

微生物是动物舍环境污染的主要因素，动物舍的微生物污染可以引起一系列传染病的流行。动物舍空气中的细菌包括致病菌、条件性致病菌和非病原菌，它们在一定程度上均可导致动物的感染。犊牛舍空气中的细菌大部分来自犊牛粪便和其皮肤，如大肠杆菌、沙门氏菌、葡萄球菌、肠杆菌和链球菌等菌种对呼吸系统都有一定的刺激作用。

一般要求犊牛舍中细菌密度不超过 20 000 个/m³ 的国际要求，超过 5 000 个/m³ 则会引起呼吸系统疾病，而导致犊牛舒适度降低，因此需要通过通风和干燥来净化空气，主要利用正压通风系统达到净化犊牛舍污浊空气的目的。

八、地势

建设牛场应选择地势比较干燥，地面平坦或稍有坡度，但通常不能选择山坡或高地。否则，冬季容易招致寒风的侵袭，也不利于交通运输。牛场地势过低，地下水位太高，极易造成环境潮湿，影响牛的健康，且造成交通运输障碍。因此场址应地势高燥、阳光充足、背风向阳、地下水位较低，具有缓坡，坡度一般说来最大不要超过 25%，北高南低，总体平坦，切不可建在低凹处、洼地或者是低风口处，以免排水困难，汛期积水以及冬季防寒困难。地形一定要开阔整齐，最好是正方形或者是长方形，避免狭长和多边角。同时，我国地域广阔，南北方温度、湿度等气候条件差异很大，各地在建筑奶牛舍的时候要因地制宜。例如，南方的特点主要是夏季高温、高湿，因此南方的牛舍选址首先考虑防暑降温，而在北方部分地区则要注意冬季的防寒保温。

九、交通、防疫和环保

建设牛场要选择其他建筑物的下风向。生产辅助区主要指饲料加工调制贮存室、青贮窖、畜粪堆贮处理区等。饲料加工调制贮存室、青贮窖应设在距离牛舍较近的部位。畜粪堆贮处理区应与其他建筑保持一定距离，并且便于牛粪向场外运输。距离城镇居民区、文化教育科研等人口集中区域及公路、铁路等主要交通干线 500 m 以上。距离生活饮用水源地、动物屠宰加工场所、动物和动物产品集贸市场 500 m 以上；距离种畜禽场 1 000 m 以上；距离动物诊疗场所 200 m 以上；动物饲养场（养殖小区）之间距离不少于 500 m。养殖场选址时要充分考虑环境保护，不能对周边环境造成污染破坏，一定要有足够用于消纳养殖场粪污的配套面积土地。必须坚持农牧结合、林牧结合、果牧结合的生态健康养殖模式，在发展养殖业过程中，保证区域环境生态平衡和可持续发展。

十、水电设施

现代化牛场机械挤奶、牛奶冷却、饲料加工、饲喂以及清粪等都需要电，因此，牛场要设在供电方便的地方。奶牛场每天消耗大量用水。一般情况下，100头奶牛每天的需水量，包括饮水及清洗用具、洗刷牛舍床地和牛体等，至少需要25~30 t 水。因此，牛场场址应选在有充足良好水源之处，以保证常年用水方便，并注意水中微量元素成分与含量，通常井水、泉水等地下水的水质较好。

十一、尘埃

新鲜的空气是促进牛只新陈代谢的必需条件，并可减少疾病的传播。空气中浮游的灰尘是病原微生物附着和生存的好地方。为防止疾病的传播，牛舍一定要避免灰尘飞扬，保持圈舍通风换气良好，尽量减少空气中的灰尘。

第二节　牛场周围的环境污染控制

随着养牛业生产规模化、集约化的迅速发展，一方面为市场提供了大量质优价廉的奶和肉，另一方面养牛场也产生大量的粪、尿、污水、废弃物、甲烷、二氧化碳等，控制与处理不当，将对环境造成污染。据报道，1 000 头规模的奶牛场日产粪尿 50 t，1 000 头规模的肉牛场日产粪尿 20 t。这些粪尿、污水及废弃物除部分作为肥料外，相当数量是排放在畜牧场周围，污物产生的臭气及滋生的蚊蝇，影响周边环境。据农业部环境保护科研监测所估测，我国家养动物和动物废弃物甲烷排放量每年为 661 万 t（1990 年），其中反刍动物排放量达 567 万 t，占89.4%。且排放量平均每年大约以 2.34% 的速度递增。牛粪尿处理不当，将造成环境严重污染。为此，《畜牧养殖污染防治管理方法》要求新建、改造和扩建的畜牧养殖场，必须按建设项目环境保护法律、法规的规定，如《中华人民共和国环境保护法》《水污染防治法》《大气环境质量标准》及《中华人民共和国固体废弃物污染环境防治法》进行环境影响评价；畜牧养殖场的排污需按有关规定向所在地的环境保护行政主管部门进行登记，且所排放的污染物不得超过《畜牧养殖业污染物排放标准》（GB 18596—2001）中规定的排放标准。

一、牛场主要污染物

（一）牛排泄物

随着养牛业的快速发展，粪便污染已成为一大难题，据有关资料显示，在一些地方，牛粪对环境的污染已超过了工业污染的总量，有的甚至高达 2 倍以上。

一头奶牛每年产生的粪便在 7 t 以上，一头黄牛产生的粪便在 5~6 t。由于各地对牛粪的处理普遍重视不够，一些养牛比较集中的地方，基本上都没有牛粪处理设施。这样导致牛粪到处乱堆乱放，尤其在南方，每到夏季，臭气冲天，既对周边居民的正常生活造成不良影响，同时牛粪又是多种细菌病原体滋生繁殖的源头，对养殖群体产生严重影响。另外，用生牛粪上地会产生热量，消耗土壤氧气，导致烧根烧苗，还对寄生虫的卵、病原微生物起到传播作用。因而，牛粪处理十分重要。

据 ASAE（美国农业工程师）标准（2003）介绍，奶牛每 1 000 kg 体重每天排泄物为 86 kg，肉牛为 58 kg，小牛为 62 kg。牛的排泄物产量及特性见表 7-6。

表 7-6　牛每 1 000 kg 体重每天排泄物产量及特性

参数	单位	奶牛	肉牛	小牛
排泄总量	kg	86±17	58±17	62±24
尿	kg	26.0±4.3	18.0±4.2	—
密度	kg/m^3	990±63	1000±75	1000
固体物总量	kg	12.0±2.7	8.5±2.6	5.2±2.1
挥发性固体物	kg	10.00±0.79	7.20±0.57	2.30
BOD$_5$	kg	1.60±0.48	1.60±0.75	1.70
COD$_{CR}$	kg	11.0±2.4	7.8±2.7	5.3
TN	kg	0.450±0.096	0.340±0.073	0.270±0.045
TP	kg	0.094±0.024	0.092±0.027	0.066±0.011

（二）废水

由于规模化畜禽养殖场排放废水量大、污染物浓度高且在我国长期缺乏重视和管理，其已成为我国多数地区和流域的主要污染源之一，每年造成严重的环境污染和大量的氮磷资源流失浪费问题。而作为我国养殖业中龙头的奶牛养殖业所产生的奶牛场废水，主要来自牛粪尿、牛圈冲洗水、挤奶消毒水、奶桶清洗水等。

二、污染物的处理方法

（一）污水处理

1.固液分离

牧场污水中的固形物一般只占 1/5~1/6，将这些固形物用分离机分出后，堆肥处理，剩下的稀薄液体中有机物含量下降，从而减轻了生物降解的负担，便于下一步处理。对于有污水达标处理要求的牛场，污水与粪渣的有效分离是至关重要的，其直接决定了后续处理运行的稳定性和达标可行性。为此，建议相关牛场采取干清粪方式，且在后续的固液分离环节上，应采用高效的分离措施。

2. 通过生物滤塔使分离的稀液净化

生物滤塔是依靠滤过物质附着在滤料表面浓度大大降低，以得到相当程度的净化。

3. 沉淀

沉淀可在较短时间内去掉高比例的可沉淀固形物。

4. 淤泥沥水

沉淀一些时间后，在沉淀的底部，会有一些较细小的固形物沉淀而成为淤泥，这些淤泥无法过筛，因在总固形物中约有一半是直径小于 $10\ \mu m$ 的颗粒，采用沥干去水的办法较为有效，可以将湿泥再沥去一部分水，剩下的固形物可以堆起，便于贮存和运输。

（二）废弃物处理

奶牛饲养会产生大量的粪尿和污水。如果这些废弃物处理不当，会造成严重的环境污染问题，而且还会对奶牛的健康造成极大的威胁。因此对奶牛废弃物的处理具有重要意义，针对不同的废弃物做不同的处理，牛场处理现主要有土地还原法、厌气发酵法、人工湿地处理和生态工程处理。

1. 土地还原法

牛粪尿的主要成分是粗纤维以及蛋白质、糖类和脂肪类等物质，其一个明显的特点是易于在环境中分解，经土壤、水和大气等的物理、化学及生物的分解、稀释和扩散，逐渐得以净化，并通过微生物、动植物的同化和异化作用，又重新形成动、植物性的糖类、蛋白质和脂肪等，也就是再度变为饲料。

2. 厌气（甲烷）发酵法

将牛场粪尿进行厌气（甲烷）发酵法处理，不仅净化了环境，而且可以获得生物能源（沼气），同时通过发酵后的沼渣、沼液把种植业、养殖业有机结合起来，形成一个多次利用、多层增值的生态系统。粪尿经厌气（甲烷）发酵后的沼渣含有丰富的氮、磷、钾及维生素，是种植业的优质有机肥。沼液可用于养鱼或牧草地灌溉等。

3. 人工湿地处理

湿地是经过精心设计和建造的，湿地上种有多种水生植物（如水葫芦、细绿萍等）。水生植物根系发达，为微生物提供了良好的生存场所。微生物以有机物质为食物而生存，它们排泄的物质又成为水生植物的养料，收获的水生植物可再作为沼气原料、肥料或草鱼等的饵料，水生动物及菌藻，随水流入鱼塘作为鱼的饵料。通过微生物与水生植物的共生互利作用，使污水得以净化。该处理模式与其他粪污处理设施比较，具有投资少，维护保养简单的优点。

4. 生态工程处理

本系统首先通过分离器或沉淀池将固体厩肥与液体厩肥分离。其中，固体厩肥作为有机肥还田或作为食用菌（如蘑菇等）培养基，液体厩肥进入沼气厌氧发酵池。通过微生物—植物—动物—菌藻的多层生态净化系统，使污水得到净化。净化的水达到国家排放标准，可排放到江河，回归自然或直接回收利用进行冲刷牛舍等。此外，牛场的排污物还可通过干燥处理、粪便饲料化应用以及营养调控等措施进行控制。

第三节　牛场的建筑设计

一、牛的饲养方式

（一）放牧饲养

放牧饲养是人工管护下的草食动物在草原上采食牧草并将其转化成畜产品的一种饲养方式，也是最经济、最适应家畜生理学和生物学特性的一种草原利用方式。在牧草生长季节放牧，可以获得营养全面而丰富的新鲜牧草，同时家畜也可得到充分的日光和运动，从而有利于增进健康和提高其生产力。

放牧制度可分为无系统放牧（自由放牧）和系统放牧两类，包含下列几种主要放牧方式：

（1）连续放牧。家畜在全部放牧时期内，不受限制地放牧在一块草地上，属于自由放牧，是一种较原始的放牧方式。

（2）固定放牧。在放牧时期的一个较长阶段，使一定数量的家畜不受限制地放牧在一定面积的草地上。也属自由放牧，但比前者先进。

（3）轮流放牧。将草原划分成若干区段，按一定的时间和顺序轮回放牧和

休闲。是系统放牧的主要形式，也是草原合理利用的主要方法。

（4）混合放牧。将两种或多种采食特性不同的家畜放牧在同一草原上，如牛、羊混群放牧或先放牛、后放羊。有计划的混合放牧属系统放牧。

（5）隔栏放牧。容许幼畜通过隔栏间隙进入某一草原地段采食，而母畜不能进入的放牧方式，也属系统放牧。中国北方和西南的一些农区，一户或几户的混合小畜群利用小片零星草地、茬地放牧或用绳索系留放牧，一般属于自由放牧。

现代以放牧为主舍饲为辅，或舍饲为主放牧为辅的集约化肉用牛生产和季节性畜牧业生产，是一种高效率的放牧饲养制度。

（二）舍饲

舍饲是从作为放牧的补充开始的。由于放牧受到天然饲料的限制，种植业成了越来越重要的饲料基地，舍饲逐渐变为主要饲养方式。舍饲的发展反映畜牧业对种植业的依赖性增加，也反映畜牧业在农区的发展。舍饲为发展不适于放牧的畜禽，扩大畜牧业的内容提供了条件；同时加强了人对牲畜的控制，有利于采用新技术。工厂化饲养是舍饲的现代化，可全面控制环境，使牲畜成为整个畜产品工厂机器系统的一个有机组成部分，从而显著地提高了畜牧业的劳动生产率。

（三）半舍饲

半舍饲有的是由于放牧不能满足饲料的需要，故补以舍饲；有的则是舍饲畜牧业为了利用可供放牧的饲料资源，如附近的天然草地、田边野草等。半舍饲的形式有的是白天放牧，晚间舍饲；有的是夏秋放牧，冬春舍饲；也有的是育成阶段放牧，育肥阶段舍饲，并在地区上形成同一牲畜先在牧区育成，后在农区育肥。随着饲料工业的发展，添加剂与补充饲料的广泛应用，使完全不结合舍饲的纯粹放牧趋于减少。

二、牛舍的基本类型

（一）开放性牛舍

指四面无墙的牛舍。这种牛棚只能起到遮阳、避雨及部分挡风的作用，多适于炎热及温暖地区。

（二）半开放式牛舍

三面有墙，有顶棚，向阳一面敞开，在敞开一侧设有围栏的牛舍。冬季北风较大的地区也可在北面或北、东、西三面装活动板墙或其他挡风装置，或东、西两面用墙，北面用活动板墙，以防寒风侵袭。夏季将挡风装置撤出，以利通风。较冷地区或寒冷地区也可在北面及两侧设有墙和门窗，冬季关上，夏季打开。

（三）有窗式牛舍

有窗式牛舍指通过墙体、窗户、屋顶等围护结构形成全封闭状态的牛舍。这种牛舍保暖性能较好，但不能防暑。

（四）封闭式牛舍

封闭式牛舍也称为无窗牛舍。牛舍内温度、湿度、气流、光照等环境小气候大多采用人工调控。此种牛舍可克服季节的影响，提高牛的生产性能，但对设备和建筑物的要求极高，造价也极高。

三、牛舍的基本建筑

（一）地面

地面是牛舍建筑的主要结构。应有足够的强度和稳定性，坚固，防止下沉和不均匀下陷，使建筑物出现裂缝和发生倾斜。一般基深 80~100 cm，砖墙厚 24 cm，双坡式牛舍脊高 4.0~5.0 m，前后檐高 3.5 m 左右。要求致密坚实，不硬不滑，温暖有弹性，易清洗消毒。大多数采用水泥地面，其优点是坚实，易清洗消毒，导热性强，夏季有利于散热；缺点是缺乏弹性，冬季保温性差，对乳房和肢蹄不利。

（二）墙

墙是牛舍与外部空间隔开的主要外围结构，对舍内温度、湿度等小气候环境的保持起着重要作用。要求坚固耐用，具有良好的保温、隔热、抗震、防水、防火和抗冻性能，便于清扫和消毒。牛舍内墙的下部设墙围，防止水气渗入墙体，提高墙的坚固性、保温性。

（三）门

门高 2.1~2.2 m，宽 2~2.5 m。门一般设成双开门，也可设上下翻卷门。牛舍门有内门和外门之分。外门用于牛群、饲料以及工作人员的进出。外门宜向外开或做成推拉门，门上不能有尖锐的凸出物，防止牛受伤。每栋牛舍通常至少须有两个外门。

（四）窗

窗的功能在于保证牛舍的自然光照和通风。封闭式的窗应大一些，高1.5 m，宽1.5 m，窗台高距地面1.2 m 为宜。窗多设在墙或屋顶上，是墙与屋顶散热的重要部分。在温热地区易多设窗，以便通风，而在寒冷地区则必须统筹兼顾，既要冬季保温又要夏季保持通风。

（五）屋顶

房顶是牛舍上部的外围护结构，用以防御自然界的风、雨、雪以及太阳辐射的侵蚀，对于牛舍的冬季保温和夏季隔热具有重要意义。最常用的是双坡式屋顶。这种形式的屋顶可适用于较大跨度的牛舍，可用于各种规模的各类牛群。这种屋顶既经济，保温性又好，而且容易施工修建。屋顶应防水、保温、隔热、不透气。结构轻便，坚固耐用，造价便宜（图7-2）。

图 7-2　带有顶棚的活动场

（六）朝向

牛场朝向的问题直接关系到牛舍的温度和采光。牛舍应采用南向，冬季有利阳光照入舍内，提高舍温；而夏季则可防止强烈的太阳辐射，使牛舍达到冬暖夏凉。牛场的朝向还要考虑到地形，主风向及其他条件。南方地区从防暑降温考虑，以向东偏转为宜。

（七）牛床和饲槽

肉牛场多为群饲通槽喂养。牛床一般要求是长1.6~1.8 m，宽1.0~1.2 m。牛床坡度为1.5%，牛槽端位置高。饲槽设在牛床前面，以固定式水泥槽最适用，其上宽0.6~0.8 m，底宽0.35~0.40 m，呈弧形，槽内缘高0.35 m（靠牛床一侧），外缘高0.6~0.8 m（靠走道一侧）。为操作简便，节约劳力，应建高通道、低槽位的道槽合一式为好。即槽外缘和通道在一个水平面上（图7-3）。

（八）通道和粪尿沟

对头式饲养的双列牛舍，中间通道宽1.4~1.8 m。通道宽度应以送料车能通

图7-3 牛舍水泥饲槽

过为原则。若建道槽合一式，道宽3 m为宜（含料槽宽）。粪尿沟宽应以常规铁锨宽度为宜，宽0.25~0.3 m，深0.15~0.3 m，倾斜度1：50~1：100。

参考文献

褚文斌，李丽华.2007.牛场污染物的处理［J］.养殖技术顾问（3）：5.

杜彧.2016.牛舍的设计要求与内外部结构［J］.现代畜牧科技（8）：178.

冯义芝，裴艳辉，刘辉.2016.奶牛场牛舍的建筑类型［J］.现代畜牧科技（8）：173.

荆小波.2002.牛舍建筑设计［J］.甘肃农业（9）：61-63.

刘延鑫，刘太宇，邓红雨.2006.规模化牛场环境污染的综合防治［J］.中国奶牛（4）：51-52.

鲁鹤群.2012.牛舍的基本结构与类型［J］.养殖技术顾问（5）：7.

王根林.2000.养牛学［M］.北京：中国农业出版社.

王合娣.2008.牛舍的建筑要求［J］.河南畜牧兽医（综合版）（1）：22.

杨彪，李洪涛.2017.牛场环境卫生管理及防疫要求［J］.中国畜禽种业，13（7）：89.

张斌.1998.畜牧场环境污染的控制［J］.山西农业（11）：35-36.

张祥，王加启，高艳霞，等.2006.不同饲养方式对荷斯坦犊牛的影响［J］.饲料工业（3）：46-47.

第八章　犊牛饲养中常用的设备

第一节　饮水设备

饮水设备具有加热恒温等功能，可以让奶牛在任何适合时间都能喝到常温的水，有利于奶牛的饮食健康，有效提高产奶量。

一、浮球式饮水器

浮球式饮水器是一种新型的牛用饮水器（图 8-1）。牛在饮水时，压下浮球就可出水，不喝水时，浮球浮起，这样可以保证水的清洁卫生，该饮水器还配有自动加热保温装置，可避免犊牛因喝到凉水而产生腹泻。因此，浮球式饮水器使用起来具有经济、环保、安全的特点。

图 8-1　浮球式饮水器

浮球式饮水器的优点如下所述。

（1）这种新型的牛用饮水器用材是高密度聚乙烯热滚塑和聚氨酯，牢固级别：容器Ⅴ级、零件Ⅲ级，不仅抗冲击强度高，还具有抑菌性、抗紫外线、耐腐蚀性，且不需任何维护，使用寿命可达15年以上。

（2）产品进水阀的出水量在60~75 L/min，全天候使用，自动补水，可使饮水器内部水位高度不变，浮球设计可避免杂质进入水体，保证牛用水的健康。

（3）超大排水盖设计，可迅速排干箱体内的存水，便于设备的快速清洗和牛用水量的快速补充。

（4）与其他牛用饮水器相比，它拥有更为人性化的设计，产品的两侧是凹形扣手设计，便于人对它的安装与搬运，锁紧槽外沿是凸面设计，可防止外溢水流入槽内污染水体或寒冷季节在槽内结冰，导致清洁障碍。

（5）该饮水器的设计和用材使其适合安装于多种环境下，如畜舍区内部、运动场外部均可安装，均不会影响设备的使用寿命。

（6）保温性好，可在冬季 −30℃以下，加装电辅热装置，保证牲畜在寒冷的天气下饮到3~5℃的水。

（7）炎热的夏季具有隔绝保温的功能，保证牛群饮用的是8~10℃洁净凉爽的水，起到防暑的作用。

（8）两个饮水位置设计可避免牛群因抢占饮水造成设备变形或损坏。

二、牛用饮水碗

牛用饮水碗是一种新型的大牲畜饮水设备（图8-2）。牛饮水碗是由碗、牛

图8-2 牛用饮水碗

用饮水器、牛舌板、堵头、螺杆、螺帽组合而成的。优点为省水，防潮湿，减少

动物饮水应激，易清洗消毒，减少牛场用工等。

第二节　睡眠设备

牛床高于粪道 3~5 m，牛床前走道高于牛床 5 cm，牛床坡度为 1%。南方地区可安装风扇和喷淋设备，风扇离地面 250 cm，向下倾斜 10°。牛舍地面一般用混凝土浇制，牛床和牛进出通道应划防滑线。牛床的前方有拴牛架，拴牛架要牢固、光滑、易于奶牛起卧，成年母牛拴牛架高 135~145 cm，育成母牛架高 130~140 cm，犊牛架高 100~120 cm，采用活铁链或铁颈枷拴牛。

一般在牛床的两头设置隔栏，便于牛只管理，其一端与拴牛架连在一起，另一端固定在牛床前 2/3 处，栏杆高 80~90 cm，由前向后倾斜，通常用弯曲的钢管制成，牛床可以设有隔栏，但清洁不方便。牛床位于饲槽后面，牛床要求长宽适中，牛床过宽或过长，牛活动余地过大影响挤奶操作。牛床的坡度应适当，并要高于舍内地面 5 cm，以利于冲洗和保持干燥。坡度通常为 1.0°~1.5°，但不要过大，否则奶牛易发生子宫脱落和脱胯。北方寒冷，地面潮凉，牛床上应铺硬质木板、橡胶或塑料材料作面层，木板表面应刨糙，防止奶牛滑倒。

牛床垫和牛卧栏（图 8-3 和图 8-4），可以为牛提供舒适的生活环境。牛床垫，也叫橡胶板，是为了增加奶牛舒适度，减少奶牛疾病而设计。牛床垫表面有分布均匀的球状突起，起到防滑按摩的作用；下表面有带状沟渠，既能增加与地面的摩擦力，又能及时排出污水，保持畜舍的干燥。牛床垫柔软、厚实、无异味，也能提高奶牛的趴卧时间，提高产奶量，减少肢蹄病的发生。

图 8-3　牛卧床和牛床垫

图 8-4 牛卧栏

第三节 修蹄设备

修蹄车、修蹄钳（图 8-5 和图 8-6）等可以快速清除蹄底污秽，使患趾提高，减少其负重，避免活肉组织再度挫伤和瘀血。患趾与地面接触减少，使之更易保持干燥状态，促进新的角质形成和角质变硬，使犊牛可以健康成长。

图 8-5 修蹄车

图 8-6　修蹄工具

第四节　饲喂设备

全自动混合饲料设备（TMR）、撒料车等饲喂设备的使用可以简化饲喂程序，避免饲养的随意性，使管理的精准程度大大提高；实行分群管理，便于机械饲喂，提高劳动生产率，降低劳动成本。

饲槽位于牛床前，通常为通槽。饲槽底平面高于牛床。饲槽必须坚固、光滑、便于洗刷，槽面不渗水、耐磨、耐酸。饲槽前沿设有牛栏杆，饲槽端部装置给水导管及水阀，饲槽两端设有带窗栅的排水器，以防草、渣类堵塞阴井。

饲喂通道位于饲槽前，高于牛床，宽度 0.8~4.0 m，如不设饲槽则用地面饲槽，可比饲道低，便于机械化饲喂，要比饲道宽些。清粪通道与粪尿沟相连，在拴系式对尾双列牛舍中，即为中央通道，是奶牛出入和进行挤奶作业的通道，为便于操作，清粪通道宽度为 1.6~2.0 m，路面最好有大于 1% 的拱度，标高一般低于牛床，地面应磨制粗糙。

饲栏与拴牛架合为一体，固定于拴牛架上，拴系形式有硬式和软式两种，硬式多采用钢管，软式多用铁链。硬式多为固定式颈枷，颈枷的作用是在不妨碍牛活动和休息的前提下，将牛固定于牛床上，使其不能随意乱动，控制牛不能退至排尿沟，或将前肢踏入饲槽，以免污损饲料或抢食其他牛的饲料，牛头可上下活动。可设置串联颈枷，提高效率，颈枷高度一般为：犊牛 1.2~1.4 m，育成牛、青年牛和成乳牛 1.6~1.7 m。铁链拴牛分直链式和横链式，一般采用直链式，直链式简单实用、坚固、造价低。短链能沿长链上下滑动，可使牛颈上下左右转动，采食、休息都很方便。

第五节　犊牛岛和犊牛栏

一、犊牛岛

"犊牛岛"技术即户外犊牛单独围栏饲养技术，适用于小型奶牛场的养殖模式；由箱式牛舍和围栏组成，一面开放，三面封闭（图8-7）。放置在舍外朝阳、干燥的旷场上，冬暖夏凉。犊牛单栏饲养，便于工人对犊牛和其生活环境的清洁与消毒，避免犊牛间互相吸吮，改善犊牛的生活环境，降低下痢和胃肠炎的发病概率。可将犊牛成活率提高到90%以上。适用于0~3月龄犊牛，可以保证牛只快速增长。

图8-7　犊牛岛

为最大程度地满足犊牛舒适度，所选犊牛岛建筑应充分满足通风散热、排水排便的需要，顶部及后部均设可开启的通风孔；材料为整体铸塑或其他保温材料，卫生，清理方便，有很好的隔热性能；外层围栏使用防锈材料，结实，从而有效保障犊牛安全。

将犊牛岛（图8-8，http：//www.afc-bj.com）放置在草坪上，为犊牛提供接近自然的饲养环境；在犊牛岛的前面设置运动场，让犊牛有一定的运动空间；运动场围栏由铁丝网做成，围栏前设喂乳槽和饮水桶，以便犊牛的采食饮水。犊牛岛可以定期移动、消毒，有利于草坪恢复和杀灭病原菌，提高犊牛的存活率。随着日龄的增加，犊牛岛的尺寸由小到大，有利于犊牛生长发育的需要，这样饲养的犊牛后腿结实，蹄子健康，同时减少医药费用，降低死亡率。犊牛岛的休息区由强化聚酯玻璃纤维材料（或其他隔热材料）制成，因此可使犊牛免受紫外线辐射和热辐射的影响，还能防风，其白色的表面还能反射太阳光，从而使犊牛岛内即使在外界高温的情况下内部还能保持凉爽，这样可以做到夏季防暑，冬季保暖。犊牛岛的整体塑造无接缝，内部易于清洁，减少犊牛的患病率，同时也降低了饲养成本，其使用年限一般为10~20年。

图8-8　室外犊牛岛

二、犊牛栏

犊牛栏是为出生到断奶阶段的犊牛而设计的牛栏。目前规模化的牛场均设有单独的犊牛栏，常用的犊牛栏主要有室内犊牛栏和室外犊牛栏或犊牛岛两种，应根据气候的不同选择犊牛在室内饲养还是在室外饲养。

一般来说，气候适宜的情况下，犊牛出生后即可在室内犊牛栏中饲养。犊牛出生7日龄后转入室外犊牛栏或犊牛岛中饲养，或在母牛舍内一侧用圆木或钢管围成一个小牛栏，围栏面积以每头2 m²以上为宜。与地面平行制作犊牛栏时，最下面的栏杆高度应在小牛膝盖以上、脖子下缘以下（距地面 30~40 cm），第二根栏杆高度与犊牛背平齐（距地面 60~70 cm），第三根距地面 90~100 cm。在犊牛栏一侧设置精料槽、粗料槽，在另一侧设置水槽。犊牛栏或犊牛岛要求清洁干燥、通风良好、光线充足，防止贼风和潮湿，冬暖夏凉。

图 8-9　室内犊牛栏

（一）室内犊牛栏

出生犊牛的体重在 40 kg 左右，体长为 80~100 cm，体高 80~85 cm，因此犊牛栏（图 8-9，http：//szb. saibeinews.com，http：//www. yomogroup. com）长、宽、高可以分别设计为 150 cm、100 cm 和 120 cm。犊牛栏侧面用木条隔开，这样可防止犊牛互相吮舐；底部用木制漏缝地板，在木板上放置一些干燥的垫草。犊牛栏正面为向外开的门，并采用镀锌管制作，并在下方装有两个活动的铁圈和草架，铁圈可供放桶或盆，以便犊牛喝奶后，能自由饮水、采食精料和草。

（二）室外犊牛栏

一般在气候适宜的季节或地区，犊牛出生后 7 d 即可在室外犊牛栏（图 8-10 http：//www. go007.com）饲养。室外犊牛栏是一种半开放的犊牛栏，由侧墙、顶板及后墙围成。在室外犊牛栏的前面设有运动场，给犊牛自由活动的空间，有利于犊牛的生长发育。运动场前侧由镀锌管围成栅栏状，围栏长、宽、高分别为 200 cm、120 cm 和 100 cm，两侧用铁丝做成网状。围栏前设喂乳槽和饮水桶，以便犊牛的采食饮水。室外犊牛栏应设在地势平坦、排水良好的地方，靠近产房。室外犊牛栏应保持清洁、干燥、卫生，勤换垫草。犊牛栏的后面应设一窗户，冬天关，夏天开。犊牛在室外犊牛栏内饲养 55 d 左右，断乳后即可进行小群饲养。

图 8-10　室外犊牛栏

参考文献

刁小南，王美芝，陈昭辉，等 . 2012. 冬季恒温饮水装置和屋顶采光对提高肉牛生长速率
　　的影响［J］. 农业工程学报，28（24）：164-172.

林松 . 2005. 肉牛舍的类型及其设备［J］. 养殖技术顾问（7）：12.

刘万金 . 2002. 牛用自动饮水器使用及对奶牛业的作用［J］. 黑龙江畜牧兽医（1）：19.

第九章　犊牛常见病

本章主要介绍犊牛常见疾病，将其分为普通疾病和传染性疾病，并分别对两类疾病进行一一列举，详细介绍各个疾病的病因及发病症状，为犊牛管理者提供参考，以便及时发现犊牛疾病并对症下药。其中犊牛常见普通疾病为：新生犊牛假死、犊牛脐带炎等疾病；传染性疾病为：犊牛腹泻等疾病、肺炎等疾病。

第一节　犊牛普通疾病

一、犊牛便秘

（一）症状

新生犊牛一般在吃了初乳后几小时即可排出胎便，如果犊牛出生 24 h 内不排粪便，表现委顿和不安，并经常努责拱背，翘尾作排便动作，即视为犊牛便秘。严重者出现腹痛症状、常回顾腹部、食欲不振、脉搏快而弱、有时出汗。直肠检查，肛门处有浓稠胎粪，手指伸入肛门偶尔可以触摸到干硬粪块。如果不及时治疗，最终会因中毒死亡。

（二）病因

主要成因是母牛体质太差，使初乳营养成分不好；再者，不恰当的饲养方式等也是造成这种病的原因。另外，在母牛分娩时，如果分娩时间过长，会使犊牛未能吃上初乳或吃得少，则造成犊牛的胃肠空虚，蠕动迟缓，甚至消失，使胎粪滞留，引起肠阻塞，使有害物质被吸收，最后，造成自身中毒身亡。

（三）防治

1. 预防措施

为了预防犊牛便秘，须在犊牛出生后哺喂初乳，出生后体质较差的犊牛，更要注意饲养管理，以防止便秘。

2. 治疗措施

对于便秘犊牛可以轻轻按摩犊牛腹部，增加其肠胃蠕动，促使粪便排出。粪便排出后，可以用温肥皂水进行深部灌肠，将猪用输精胶管缓缓插入犊牛直肠20 cm，注射温肥皂水，让粪便软化排出。

二、新生犊牛假死

新生犊牛假死又称为犊牛窒息，是犊牛出生后，有时由于发生障碍或无呼吸仅有心脏微弱运动，这种现象称为假死。如不采取抢救措施，往往会引起死亡。

（一）症状

（1）轻者，仔畜呼吸微弱而短促，有时喘气或咳嗽，全身软弱无力，黏膜发绀，舌脱出，脉搏快而弱，口鼻腔内充满黏液，肺部有湿性啰音，喉、气管症状最明显。

（2）严重者，呈假死状态，出生后即没有呼吸，全身松软，黏膜苍白，反射消失，仅有微弱心跳，如不及时治疗，很快死亡。

（二）病因

（1）母牛分娩时间过长，很大一部分胎儿胎盘过早地脱离了母体胎盘，胎儿得不到氧气，引起暂时性窒息。

（2）胎儿产出时，胎膜未能及时破裂。

（3）胎儿倒生时产出缓慢，使脐带受到挤压，胎盘血液循环受到阻滞。

（4）胎儿体内二氧化碳积累使之过早地发生呼吸反射，吸入羊水。

（三）防治

1. 预防措施

母牛分娩前，应在宽裕干净的产房地面铺上清洁干燥的垫草，并做好清洁工作。夏季防暑，冬季防寒。及时正确地进行接产和仔畜护理。接产时应特别注意对分娩延滞、胎儿倒生及胎囊破裂过晚等及时进行助产。建立产房值班制度，对产房工作人员培训，不要盲目注射催产药物，正确护理犊牛，发现异常应及时处理，防止窒息或死亡。

2. 治疗措施

（1）需及时对犊牛进行抢救。犊牛产出后立即用干净的纱布、毛巾把口腔、鼻腔内黏液与羊水抠出，擦干净；举起犊牛后肢，头部朝下，轻轻甩动，助手用手掌拍其胸腹部把呼吸道内黏液排出；用酒精、干草刺激鼻腔，诱发呼吸反射；

采用人工呼吸法抢救假死犊牛。

（2）配合药物治疗。25%尼可刹米 2 ml 一次肌肉注射。也可注射肾上腺素、安钠咖、樟脑磺酸钠等。

三、脐带炎

脐带炎是断脐时消毒不严或因脐带出血期间犊牛之间互相舔吮脐带，被细菌感染而引起的炎症。

（一）症状

触诊脐部时犊牛表现疼痛、拱背，在脐带中央及根部皮下，可以摸到如铅笔杆粗的索状物，流出带有臭味的浓稠脓汁。轻症时，脐带残段脱落，脐带孔处鲜红浸润，有少量脓性分泌物或者溃疡糜烂。重症时，脐轮周围出现脓肿，流出带有臭味的浓稠脓汁，肿胀常波及周围腹部，犊牛出现精神沉郁、食欲减退、体温升高，呼吸与脉搏加快、脐带局部增温等全身症状。如不及时治疗，最后会死于败血症。

（二）病因

（1）断脐时消毒不彻底，导致脐带感染发炎。

（2）新生犊牛未单独饲养，导致犊牛互相吸吮，致使脐带感染发炎。

（3）饲养管理不当、外界环境不良，如运动场潮湿、泥泞及垫草更换不及时，卫生条件较差，都会导致脐带感染发炎。

（三）防治

1. 预防措施

做好产房卫生管理，严格进行消毒，保证清洁干净的生活环境。犊牛断脐后要及时进行消毒，并防止舔舐，避免感染。

2. 治疗措施

脐带组织发炎时，先剪毛消毒，用普鲁卡因青霉素在脐带周围皮下分点注射，局部涂抹松馏油与5%碘酒等量合剂。若出现脓肿或坏死，应先排出脓汁并消除坏死组织，用消毒液冲洗后，再撒上碘仿、磺胺粉或呋喃西林等抗菌药物，用绷带或纱布将脐带局部包裹好。

四、犊牛佝偻病

佝偻病是快速生长的幼畜和幼禽维生素 D 缺乏及钙磷缺乏，或者是它们中的某一种缺乏或比例失调引起代谢障碍所致的骨营养不良，同时引起全身功能紊乱。

（一）症状

发病犊牛有的出生便不能自行站立吃母乳，经人工扶助仍不能站立，犊牛四肢无力、发软、卧地不起、也无挣扎起立现象。另外有的犊牛在出生后 20 d 左右表现不吃，卧下时呈现一种特异姿态，即伏卧时四肢屈于躯干之下，头向后弯至胸部一侧，头颈姿势不自然，可以用手将头拉直，但一松手，头又重新弯向胸前，犊牛低头，拱背，站立时前肢腕关节屈曲，向前方外侧凸出，呈内弧形，后肢附关节内收，呈"八"字形交叉站立，运步时步态僵硬。犊牛佝偻病的病理特征是成骨细胞钙化不足，持久性软骨肥大及骨骺增大的暂时性钙化作用不全（图 9-1，http：//image. baidu. com）。

图 9-1　患有佝偻病的犊牛

（二）病因

（1）妊娠母牛矿物质缺乏，引起犊牛先天性矿物质缺乏，从而导致犊牛佝偻病；

（2）在犊牛生长发育过程中，日粮中钙、磷含量不足或钙磷比例失调；

（3）维生素 D 不足、光照不够等引起骨组织钙化不全、松软及变化，并影响食欲及运动。

（三）防治

1. 预防措施

主要是加强对妊娠母牛的饲养管理，加强运动、延长放牧时间，舍饲母牛严禁经常喂给青绿饲料，饲料中加入适当钙质，此外也可将蛋壳、健康骨炒黄研磨，掺入饲料内喂给母牛。对于哺乳犊牛应随母牛适当运动，并有充足的光照。

2. 治疗措施

治疗需要给每头病牛用骨化酚2.5万~10万IU进行肌肉注射，1次/d，连用10 d，也可选用维生素D或维丁胶性钙，剂量为5~10 ml，每天或隔天注射一次，3~5 d为一个疗程。同时可在饲料中添加鱼肝油15~20 ml，连用6 d。

五、犊牛脐带出血

犊牛脐带出血，指脐带断端或脐孔出血，多见于脐静脉和脐周边小血管出血。

（一）症状

脐带静脉出血时，血液点滴流出；脐动脉出血时，血液呈线或引流，有时同时流出，血流不止。

（二）病因

由于新生犊牛体质衰弱，胎性不强。血凝性低，先天发育不良。出生后助产过早或用力过大，加上断脐处理不当，造成脐带机械性断裂，影响脐动脉和脐静脉自行封闭，加上护脐不善，造成脐位出血，这种现象犊牛中常发生。

（三）防治

1. 预防措施

断脐时要注意不要用力过猛，避免对犊牛造成刺激。断脐要对犊牛脐带部彻底消毒。

2. 治疗措施

（1）先结扎止血。随后用0.1%的高锰酸钾液或生理盐水冲洗局部，在用浸过碘酊的缝线结扎脐带口，若脐带断端过短，可回收至脐带扎孔内，将脐口扩开，撒上消炎止痛粉后，用消毒纱布填塞，再外用纱布包扎压迫止血。

（2）若失血过多，犊牛呼吸困难时，静脉注射生理盐水1 000~1 500 ml，或输母体血液100~200 ml。

六、犊牛神经反应障碍

（一）症状

急性一般在犊牛出生后发病，1~2 d 便可致死。表现为磨牙、吐沫、呼吸急促、全身痉挛、倒地抽搐，最后因窒息死亡。而亚急性发病通常来说是在犊牛出生后 1~2 d，反复发作，表现为站立不稳、呼吸急促、精神萎靡，继而全身肌肉震颤、意识丧失，最后倒地抽搐，一段时间后又复发。

（二）病因

出生犊牛的神经反应障碍与传统意义上的精神疾病是有所区别的，它的实质是代谢机能紊乱，不过它所表现的症状却类似神经病。该病产生主要与饲养情况和饲养管理有关，或饲料缺乏某些营养物质。

（三）防治

该病如果发现及时，可以彻底治愈，一般在犊牛出生后注射 80 万 IU 青霉素一支，辅助注射磺胺嘧龙液 10 ml。症状缓和后，静脉注射 1% 的葡萄糖酸钙液 30 ml 基本可以彻底治愈。

七、犊牛水中毒

水是动物机体的重要组成部分，作为有机的基质，参与生命活动的全过程。各种原因导致犊牛机体缺水，都会给犊牛的生长发育和生产带来不利影响；相反，在平时供水不足，而一次暴饮时，对犊牛造成的危害更甚，致使犊牛发生水中毒，或继发水肿，直接损伤相应的组织器官或引起犊牛死亡。

（一）症状

犊牛水中毒，临床上最明显的症状就是排血尿，其原因是血细胞吸水膨胀破裂、血色素释放到血液中经肾脏排出所致。患牛体温正常，38~39℃，呼吸频率增加，50~60 次/min，心跳次数增多，100 次/min 以上，腹围增大，瘤胃膨胀，叩诊呈鼓音，瘤胃蠕动音消失，腹痛。眼结膜苍白，呼吸困难，肺部听诊有湿啰音和捻发音，耳鼻末梢发凉，均发生血红蛋白呈淋漓不尽状，且有流涎、水样腹泻。严重时，表现咳、吐，从口中和一侧或两侧鼻孔流出泡沫状血液，起卧、肘头等肌群震颤，呻吟，惊恐不安，头颈强直，甚至角弓反张，眼睛发直，出汗，严重的呼吸困难，最后窒息死亡。

（二）病因

（1）供水不足，饮水受限后犊牛一次性饮水过量而发生中毒。

（2）秋后、冬季、早春等外界环境温度较低时，犊牛喜欢喝温水，易产生暴饮后中毒。

（3）气温高、犊牛腹泻、发热性疾病，也能引起一次性暴饮后中毒。

（三）防治

1. 预防措施

（1）注意犊牛水槽，发现水少或空槽时要及时补水，不可让犊牛处于缺水状态。

（2）炎热夏季，要备足清水，让犊牛自由饮水或多次少量给水，最好让其饮用低于0.5%的食盐水，但每头犊牛每天的盐用量不得超过20 g，寒冷冬季要给犊牛温水。

2. 治疗措施

增加犊牛饮水次数或让其自由饮水，杜绝一次饮水过量，病犊可以逐渐康复，不治而愈。发病较重的犊牛具有精神症状，可用药物和静脉输注高渗溶液，如10%高渗盐水或20%葡萄糖溶液，每次静脉注射200~300 ml；其次，轻度中毒的犊牛可不必治疗，只需要停止饮水或使用保健舔砖让犊牛自由舔舐即可痊愈。

第二节　犊牛传染性疾病

一、犊牛腹泻病

犊牛腹泻病为犊牛死亡的最常见疾病，是一种致死率和发病率较高的胃肠疾病，病因复杂，治疗较困难。大多数致命的腹泻病发生在犊牛出生后的头2个星期。犊牛日龄逐渐增长，其自身对于传染性疾病的抵抗力也会相应上升，但是3~4周龄的犊牛对于传染性疾病的易感性仍然很高。

（一）症状

该病易发生于出生2~5 d的犊牛，病程2~3 d，呈急性经过。发病初期，犊牛发生腹泻，体温升高到40℃以上，脉搏衰弱，精神不振，食欲衰退，排便呈灰白黄或稀粥样，也常有未消化的凝乳块。发病后期，犊牛排便为稀水样，便中甚至会伴有血液，呈褐色，带有浓重的酸臭味，肛门周围被稀粥状粪便污染，尿液明显减少（图9-2，https：//baike.baidu.com）。发病1d后，犊牛肛门外翻，最后因严重脱水衰竭死亡。

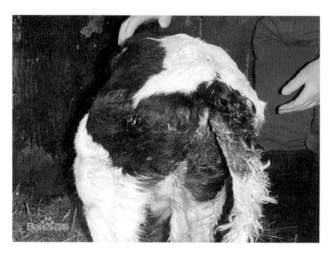

图9-2　腹泻犊牛排便

为了便于区分各种病原体引起的犊牛腹泻，进而采取针对性治疗和预防措施，对各种病原体引起的犊牛腹泻特点概述如下：

（1）大肠杆菌引起的腹泻。主要临床症状：拉稀，粪便有酸臭味，黄色或白色粪便，臀部被毛经常被污染；迅速脱水，体重减轻；食欲不振，精神沉郁；发病早，多在7日龄内发病，可在3~5d内死亡；多和轮状病毒、冠状病毒、隐孢子虫混合感染；可导致2周龄以下的犊牛因败血症、毒血症突然死亡；可感染肺脏、肚脐眼和关节。

（2）沙门氏杆菌引起的腹泻。主要症状：体温升高；水样粪便，有时带血和黏膜，有酸臭味；迅速脱水。严重时，病菌可进入血液，成为菌血症；可入侵脑、肝脏、关节和其他器官。剖检病变特征为小肠被黏膜样物质包被。

（3）轮状病毒引起的腹泻。主要症状：流涎；水样粪便，灰黄色粪便，有时带血和黏膜；食欲不振，精神轻度沉郁。与其他病原体混合感染时，病情加剧。

（4）冠状病毒引起的腹泻。主要症状：突然腹泻，粪便有时带黏膜和乳凝块；精神中度沉郁；脱水较严重；可引起死亡。冠状病毒可感染肺脏，引起呼吸道症状；与其他病原体混合感染时，病情加剧。

（二）病因

犊牛腹泻病主要是由轮状病毒和冠状病毒造成的，单个病毒并不能致死，但是当两种病毒同时存在，就可以造成犊牛消化功能减退，非常容易引起犊牛的细菌感染，造成严重的腹泻。主要是由于在犊牛出生后，哺乳不卫生、舔食污物而感染两种病毒。此外，气温变化剧烈也容易引起该病的发生。

（三）防治

1. 预防措施

（1）刚出生的犊牛，尽早投服预防剂量的抗生素药物，对预防本病发生具有一定的效果。

（2）给怀孕母牛注射当地流行的致病性大肠杆菌株制成的菌苗，能有效控制犊牛腹泻症的发生。

（3）加强饲养管理。对妊娠后期母牛要供应充足的蛋白质和维生素饲料，对新生犊牛应及时饲喂初乳。注意牛舍干燥和清洁卫生；母牛临产时用温肥皂水洗去乳房周围污物，再用淡盐水清洗后擦干。坚持对牛舍、牛栏、牛床、运动场等用5%的福尔马林彻底消毒。防止犊牛受潮和风寒侵袭、乱饮脏水，以减少病原菌的入侵机会。犊牛出生后应尽早饲喂初乳，增强抵抗能力。

（4）一旦发现病犊牛要立即隔离治疗，并加强护理。

2. 治疗措施

各种病因引起腹泻的临床症状往往很相似，而且腹泻引起犊牛死亡的主要致病机制也类同，主要是脱水、酸中毒、电解质失衡以及内毒素中毒。补液通常是治疗犊牛腹泻的主要措施。常用的补液方法有2种：口服补液和静脉输液。腹泻初期，犊牛体况较好，有吮吸反射，可以选用比较简便的口服补液方法。相对于静脉输液，口服补液操作简单，易于实施。目前国内售有多种商品化的口服补液盐，可按其说明书配制使用。如无现成的口服补液盐，可自行配制，配方如下：60 g的苏打、60 g的盐、50%的葡萄糖溶液50 mL，加38℃温水至4 L。每次配制补液的量为2～4 L，每天2～3次，用奶瓶或胃管灌服。口服补液时注意：用温水配制口服补液盐；口服补液盐不要与牛奶混合饮用，应在喝奶后2～3 h后进行补液。在腹泻后期或症状严重的病例，犊牛可能会出现高度乏力、吮吸反应消失、精神沉郁甚至昏迷，此时无法进行口服补液，需进行静脉输液，静脉输液一般用等渗溶液，一次补液量为2～4 L。

二、犊牛肺炎

(一) 症状

一般是出生 2~7 d 的犊牛容易发生肺炎（图 9-3, https://baike.baidu.com），且全年任何季节都能够感染发病，其中冬、春季相对比较容易发生，病程最短持续 4 d 左右，最长持续大约 20 d。

犊牛肺炎一般分为急性型和慢性型。

急性型：病牛主要表现为精神萎靡，食欲不振，严重时甚至完全废绝；反应较迟缓，鼻漏往往吊于两鼻孔外，呈脓性；出现咳嗽，早期呈干性，且伴有疼痛，后期变成湿性。病牛体温升高，能够达到 39.5~42℃，出现弛张热；心跳明显变快，脉搏早起增快，后期逐渐变弱；呼吸频率加快，每分钟达 60~80 次，呈明显的腹式呼吸。在胸部进行叩诊，能够听到病灶区发出半浊音或浊音。

慢性型：病牛主要呈现间断性咳嗽，通常在早晨、夜间、运动和起立时发生。在肺部进行听诊，能够听到湿性或干性啰音。对胸壁进行叩诊，往往能够导致病牛发生咳嗽。大部分病牛精神状态较好，能够采食，少数出现中度发热，体温达到 39.0~40.5 ℃。

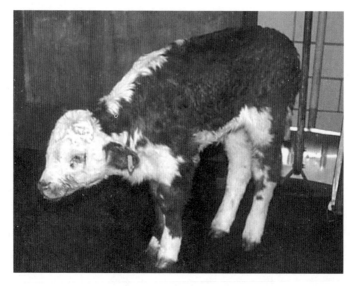

图 9-3 患有肺炎的犊牛

（二）病因

造成犊牛肺炎的主要原因可以归结为 3 点：

（1）病原微生物：犊牛往往会由于感染结核杆菌、溶血性巴氏杆菌、肺炎链球菌、睡眠嗜血杆菌、多杀性巴氏杆菌等而导致细菌性肺炎，还会由于感染牛腺病毒、牛呼吸道合胞体病毒、副流感病毒、牛合胞体病毒、牛传染性鼻气管炎病毒等而导致病毒性肺炎。另外，犊牛还会由于发生衣原体感染、支原体感染等导致肺炎。

（2）环境因素：在春、秋季节，由于昼夜温差非常明显，导致犊牛经受冷热交替刺激；圈舍通风不良，饲养密度大，氨气浓度过高等而造成舍内空气质量较差；垫草过于潮湿，没有及时清理污粪，圈舍长期没有进行消毒或者消毒不严格、不彻底等而造成滋生大量的病原微生物，上述这些因素都非常容易导致肺炎等呼吸道疾病的发生。另外，如果犊牛饲养在地面较为松软的沙土地圈舍和活动场内，在干燥多风的季节容易导致尘土飞扬，使其大量吸入，从而引发异物吸入性肺炎。

（3）免疫水平：犊牛出生后如果没有及时吮食足够的初乳，或者初乳品质较差，会导致其被动免疫失败，造成犊牛对外界环境的抵抗力低下，极易造成病原微生物入侵机体，从而引发肺炎等各种疾病。

（三）防治

1. 预防措施

增加初乳的摄入量，吃初乳多，犊牛抵抗力就会更强，不要混合不同年龄、管理条件不同的牛群；犊牛和成年牛不要混群，不要外购散养的牛；病牛和健康牛不要混群。加强免疫，可使用免疫牛鼻气管炎疫苗，按规程操作。

2. 治疗措施

可以肌肉注射链霉素 80 万~100 万 IU，注射 1~2 d，也可以将 7~12 ml 鱼肝油混入牛乳或稀粥中饲喂，还可用小米 700 g、芦苇根 180 g，共同熬汤喂服。

三、蛔虫病

犊牛蛔虫病是由大型线型虫蛔虫寄生于 4~5 月龄以下犊牛小肠而引发胃肠症状的寄生虫病。

（一）症状

病牛精神萎靡、嗜睡、食欲不振，不爱活动，站立不稳，喜卧，感染严重的多数排有白色带有黏液性糊状粪便。犊牛多排出带有脓血或者血丝样的血痢，腥臭难闻，牛粪表面浮有油状物，用手捻有润滑油腻状感，牛有腹痛感，粪便有时排出虫体，但有时病牛没有拉稀症状，仅有精神不振，腹围膨大，被毛粗乱，可视黏膜发白的症状，牛呼出的气体有酸味，虫体大量寄生时可引起肠堵塞或肠穿孔。

（二）病因

犊牛蛔虫病的感染方式：

（1）母牛吞食侵袭性虫卵后在母牛体内发育成幼虫。当母牛怀孕 8 个半月左右，体内的幼虫通过胎盘感染胎儿，犊牛产出后 10~42 d，虫体在犊牛体内成熟并产卵。

（2）犊牛出生后，母体内的幼虫通过初乳或乳汁传染犊牛。

（三）防治

1. 预防措施

犊牛出生后 15~30 d 进行第一次预防性驱虫，30 d 后进行第二次预防性驱虫。注意牛舍和栓牛场清洁，垫草和粪便要勤清扫，并发酵处理，以杀死犊牛粪便中的虫卵。避免犊牛粪便污染母牛的饲草、饲料及饮水，防止母牛食入虫卵造成胎牛感染。

2. 治疗措施

（1）病牛用盐酸噻咪唑治疗，其是治疗犊牛新蛔虫病且高效广谱低毒的特效药，可按每千克体重 12~15 mg，一次灌服；也可使用盐酸左旋咪唑片，每头 300 mg，一次口服。

（2）犊牛拉稀不止，可口服补液。将盐 3.5 g、小苏打 2.5 g、氯化钾 1.5 g、白糖 20 g 溶于 1 000 ml 水中自由饮用。

（3）对病状严重者，用维生素 B_6 注射液 500~1 000 ml，安胆注射液 10~20 ml，硫酸庆大霉素注射液 300~600 mg，地塞米松注射液 4~12 ml，5% 碳酸氢钠注射液 100~200 ml，5% 葡萄糖氯化钠注射液 300~500 ml，一次静脉注射。

四、犊牛钱癣

钱癣病是一种真菌性传染疾病，多发于冬春两季，集中饲养群发病率较高。成年、幼畜均可患病，而一年内病牛最易患病。

（一）症状

病牛最初在颈部皮肤上出现小结节，结节发展迅速，3星期长成直径3 cm的癣斑。癣斑逐渐扩大，有的巴掌大，有的连成片，扩展到头部和腹部，同时结痂随之增厚。被毛折断或脱落，痂皮脱落后，形成秃斑。发病部位覆有灰白色皮屑，患部发痒。患畜瘙痒不安，常常倚墙磨蹭，有时擦破皮肤出现血痕，严重者感染形成化脓性皮炎。

（二）病因

（1）主要是由于犊牛饲养密度过大，牛与牛之间空间太小，一头犊牛发病后互相磨蹭导致全群犊牛接触性发病。

（2）畜舍通风不良，湿度过大，造成病原微生物繁殖加速是引起该病的另一重要原因。

（三）防治

1. 预防措施

（1）患病犊牛要与健康犊牛隔离饲养。

（2）搞好畜舍卫生，勤更换垫草，保持舍内干燥。

（3）每天喂奶或喂料后的桶要及时刷拭。

（4）气温转暖后，进行舍内清洁消毒。

2. 治疗措施

局部感染可先用温水或温肥皂水清洗患处，然后周围广泛性剪毛，再刮去痂皮，以显露轻微渗血伤面为宜。然后涂抹10%的克霉唑乳膏，连用7 d。严重者除外用克霉唑乳膏涂抹外，可再内服灰黄霉素片0.5 g/头，连用15 d。

五、犊牛副伤寒

犊牛副伤寒也称犊牛沙门氏杆菌病，以败血症、胃肠炎、肺炎及关节炎为特征，对犊牛危害巨大、呈地方性流行，发病率高达20%～70%，死亡率高达5%～75%。本病广泛存在于世界各地，一年四季均可发生，秋季至冬季发病较多，传播迅速。

（一）症状

病初患牛表现体温升高，精神沉郁，吮乳少或废绝，体温40.5℃，排水样或粥样灰黄色粪便，或带有血丝，严重者出现血便，有部分犊牛并发肺炎和关节炎，眼窝下陷，皮肤弹性降低，后期卧地不起，四肢末梢发凉，肛门失禁，最后

衰竭而死。

（二）病因

（1）通常是由于病牛或带菌牛的粪便、分泌物等污染了饲料和水源而感染，经消化道传染，防治不及时造成发病。

（2）饲养环境潮湿、畜舍拥挤、粪便堆积、卫生不良时，均能促成该病的发生。

（三）防治

1. 预防措施

（1）做好产房消毒工作，及时清理分娩排出物，每天、每产认真消毒。

（2）犊牛出生后，立刻单独隔离饲喂。

（3）产房安排专人昼夜值班，保证犊牛在出生后1 h内吃上初乳。

（4）认真做好断脐工作，消毒防止感染。

（5）犊牛出生后，全部喂服药物进行预防控制。

（6）对发病牛立即进行隔离。

（7）对无治疗价值的较重犊牛进行淘汰处理。

2. 治疗措施

（1）全身治疗措施：每天肌肉注射土霉素注射针剂或头孢噻呋钠1次。

（2）局部治疗措施：对肿胀严重者穿刺排液后内注青霉素、链霉素、地塞米松和普鲁卡因，可进行2~3次，但操作过程要进行严格消毒。

六、犊牛传染性鼻气管炎

牛传染性鼻气管炎是由疱疹病毒所引起牛的一种急性、热性、接触性呼吸道疾病。主要通过呼吸道和配种途径传播，临床上常见发病类型主要有呼吸系统型、神经系统型、生殖系统型、结膜型和流产型，本病发病后难以根治，临床以预防为主，发病牛一定要淘汰，疫苗对本病的免疫效果较差，建议从引种方面重点把控本病的防控。

（一）症状

犊牛鼻气管炎潜伏期为3~7 d，有的达20 d以上。病牛食欲废绝，精神沉郁，喜卧而不愿走动，站立时头、颈直伸，拱背，流泪，鼻腔内流出黏性、脓性分泌物，流涎、口内流出泡沫唾液。鼻黏膜潮红、肿胀，鼻腔内和鼻镜上都有溃疡，口腔黏膜、齿龈红肿、有溃疡。体温39.2~40.2℃，心跳、呼吸初期正常，后期呼吸增数，心跳加快。患犊共济失调，无目的转圈运动，对外反应敏感，当人接近时立即站立，乱跑乱撞，阵发性痉挛，兴奋后转为沉郁。

（二）病因

牛传染性鼻气管炎是由传染性鼻气管炎脓疱性外阴、阴道炎病毒引起的一种热性、接触性传染病。在成年牛、犊牛中都有感染发病。研究发现牛传染性鼻气管炎的易发群体为新生犊牛至5周龄以内的犊牛。

（三）防治

根据相关文献报道，提供了多种针对犊牛鼻气管炎疾病的治疗方法，但最终的结论均为治疗效果不佳，且病犊牛多以死亡为结局，虽有存活的，但表现生长发育受阻、咳嗽、消瘦。因此对牛传染性鼻气管炎应以预防为主。具体措施如下：已发病牛应立即进行病毒综合试验，查牛只感染情况，凡阴性牛可采取疫苗注射，阳性牛只如果数量较小，可予以淘汰，如果数量多，应立即隔离，集中饲养。对已发病犊牛应予以屠宰，对临床未发病犊牛，可于4~6月龄时注射牛传染性鼻气管炎疫苗。加强牛群饲养管理，增强机体体质，提高牛对传染性鼻气管炎的抵抗力。坚持自繁自养原则，凡引进奶牛时，应经牛传染性鼻气管炎检疫，阴性牛可进入牛群。

参考文献

陈基福．2014．犊牛新蛔虫病的诊断与防治［J］．湖北畜牧兽医（5）：39.

程忠河，闫伟志，夏淑贤．2011．新生犊牛几种常见病的治疗［J］．黑龙江畜牧兽医（6）：84-85.

谷魁菊．2017．犊牛佝偻病的病因、临床症状、实验室诊断及其防治［J］．现代畜牧科技（4）：144.

何培政，鲍顺梅，俞进奎，等．2007．犊牛佝偻病的诊治及病因探讨［J］．中国牛业科学，33（1）：81.

江晓军，李云甫，封赟．2008．犊牛常见病的诊疗与防治［J］．中国牛业科学，34（5）：91.

姜常令，戴丽梅，贺洪君．2009．初生犊牛常见病的诊治［J］．黑龙江畜牧兽医月刊（10）：81-82.

李和．2007．紧急抢救犊牛"脐出血"［J］．农村新技术（3）：27.

李佳鹏．2015．犊牛常见病的防治［J］．现代畜牧科技（2）：68.

刘强，商明明，隋阳 . 2011. 新生犊牛常见病的防治 [J]. 现代畜牧科技（3）：155.

罗绍平 . 2013. 犊牛常见病的防治 [J]. 畜牧兽医科技信息（5）：55-56.

喃茂荣，余春花 . 2014. 初生犊牛常见病及其防治 [J]. 中国畜牧兽医文摘（12）：145-146.

潘保良，苏山春，于童，等 . 2014. 犊牛传染性腹泻的临床症状及防治措施 [J]. 中国畜牧杂志，50（14）：48-52.

任福生，李淑玲，陈晓红，等 . 2013. 秋冬季节犊牛常见病及其防治 [J]. 农村·农业·农民 b（10）：57-58.

孙琦，崔修军 . 2013. 新生犊牛常见病的防治措施 [J]. 吉林农业（3）：234.

田慧君 . 2007. 犊牛传染性鼻气管炎的诊治 [J]. 养殖技术顾问（12）：59.

王德志，肖金芬 . 1996. 初生犊牛常见病的原因及处理方法 [J]. 当代畜牧（2）.

王怀忠，王山力 . 1992. 犊牛佝偻病的发生与防治初探 [J]. 中国畜牧杂志（5）.

王丽伟 . 2015. 犊牛常见病及其防治措施 [J]. 畜牧与饲料科学（3）：122-123.

王文革，张泽栋 . 2011. 犊牛腹泻的防治方法 [J]. 农村实用科技信息（8）：26.

邢福进，刘善和 . 2010. 犊牛常见病的诊断及防治 [J]. 现代畜牧科技（6）：152.

姚允绥 . 1988. 5%硫酸铜氨水溶液治疗犊牛钱癣34例 [J]. 黑龙江畜牧兽医（1）：30.

张驰 . 2007. 犊牛常见病的防治 [J]. 湖北畜牧兽医（7）：39.

张翠，张薇 . 2008. 针对犊牛传染性鼻气管炎的有效诊治及预防 [J]. 畜牧兽医科技信息（2）：56-57.

张双燕 . 2016. 犊牛常见病的防治 [J]. 畜牧兽医科技信息（8）：84-85.

赵红梅，吴英志 . 2007. 应用5%硫酸铜氨水溶液治疗犊牛钱癣 [J]. 养殖技术顾问（7）：90.

左秀峰，左秀丽 . 2015. 犊牛新蛔虫病的诊治 [J]. 中国牛业科学，40（10）：93.

第十章 犊牛舒适度管理

奶牛舒适度的优良是直接关系到奶牛体质、产奶量、生产性能、生产寿命等决定经济利益是否增收的重要因素。奶牛的生产力 20% ~ 30% 取决于遗传，40% ~ 50% 取决于营养供应，剩余的 30% ~ 40% 取决于环境条件。所以，奶牛遗传潜力的发挥主要取决于饲养水平和环境条件。其中，奶牛的舒适度状况最能体现出饲养水平以及环境条件。犊牛主要分哺乳期犊牛（0 ~ 3 月龄）和断奶期犊牛（3 ~ 6 月龄），犊牛的舒适度管理主要从牛舍环境、卧床、垫料、生活习性等情况出发。

第一节　牛舍设计要求

奶牛最适宜环境温度为 10 ~ 20℃、相对湿度为 30% ~ 40%，当环境温度高于 30℃、相对湿度大于 85% 时，产奶量将大幅下降。我国南北方地区温差大，南方建造牛舍重点考虑夏季防暑降温和防湿，北方主要考虑冬季保暖。由于冬春季风向多偏西北，牛舍以坐北朝南或朝东南为好。牛舍要有一定数量和大小的窗户，以保证太阳光线充足和空气流通。房顶有一定厚度，以保证其隔热保温性能好。

为保持牛舍和运动场的干燥，排放系统要畅通，按环保要求，下水道应分别排列。为减少用水量及废水排放，可安装自动饮水器。为提高劳动生产率，可安装机械清粪装置。牛舍内应干燥、冬暖夏凉，地面应保温、不透水、不打滑，且污水、粪尿易于排出舍外，舍内清洁卫生，空气新鲜，提高奶牛舒适度。

基本犊牛舍设计要求

牛舍外部结构

牛舍应坐北朝南向东偏 15°，舍内要宽敞明亮，通风好，屋顶设气楼窗。屋檐高度为 3.2 ~ 3.5m，东西山墙可装排风扇。南方地区，南北墙可全敞开。

1. 基础

应有足够的强度和稳定性，坚固，防止下沉和不均匀下陷使建筑物出现裂缝和发生倾斜。

2. 墙壁

维持舍内温度及卫生，要求坚固结实、抗震、防水、防火，具有良好的保温、隔热性能，便于清洗和消毒，多采用砖墙。

3. 屋顶

防雨水、风沙，隔绝太阳辐射，要求质轻、坚固结实、防水、防火、保温、隔热，能够抵抗雨雪、强风等外力影响。

4. 地面

要求致密坚实，不硬不滑，温暖有弹性，易清洗消毒。大多数采用水泥地面，其优点是坚实，易清洗消毒，导热性强，夏季有利于散热；缺点是缺乏弹性，冬季保温性差，对乳房和肢蹄不利。

5. 门窗

保证牛群、料车、人员出入方便，符合通风透光要求。为便于牛群安全出入，成年奶牛舍门宽和门高分别为 1.8~2.0 m 和 2.0~2.2 m，犊牛舍的相应值为 1.4~1.6 m 及 2.0~2.2 m。牛舍窗口大小一般为占地面积的 8%，窗口有效采光面积与牛舍占地面积相比，成年奶牛舍 1：12，青年牛舍为则为 1：（10~14）。

第二节　卧床舒适度管理

奶牛每天趴卧的时间为 12~14 h，因此，卧床舒适性对奶牛的健康和生产具有特别重要的意义。卧床的尺寸和舒适度将直接影响奶牛在卧床上的趴卧时间。卧床的尺寸在多数养殖场中均设计比较合理，但是卧床的舒适性却没有引起养殖者的关注，或者是得到了养殖者关注，但是需要额外投入资金，而使养殖者没有采取改善卧床舒适性的措施，所以致使很多规模化奶牛场因卧床舒适性差导致患肢蹄病的情况较为严重，特别是高产奶牛的患病率更高。犊牛在初生 1 周龄内 90% 的时间处于躺卧状态中，因此，卧床的舒适程度在犊牛饲养中显得更加重要。

一、卧床空间

无论应用单独饲养或群居饲养，哺乳犊牛（2月龄以内）的活动空间应维持在 3 m²/头左右。切忌过载，过载可造成哺乳犊牛应激，导致消化紊乱甚至生病。奶牛可非常舒服、没有限制、自由地采食、站立和趴卧，不存在任何的障碍和打滑问题，不会导致奶牛的颈、胸、腰、臀、肢、蹄和各个关节遭受伤害而发生炎症。奶牛饲喂槽床需要配套配置安全饲养栏或开关饲养栏。这样做不仅能很好地固定奶牛，便于奶牛安全舒适的饲喂，还可使奶牛能够单独地放出来，便于管理。

二、卧床垫料

（一）垫料种类和功能

改善卧床舒适性的方法主要是在卧床上铺设垫料。垫料的种类很多，主要有沙子、橡胶垫、干牛粪、稻壳等。

夏季适合用沙子、锯末或稻壳做犊牛卧床的垫料，既能帮助犊牛克服热应激，又能有效减少蚊蝇滋生。沙子是一种优良的卧床垫料，微生物无法在沙子中繁殖，改善了卧床卫生环境，且沙子渗水性较好，沙粒分散，不易结块，均衡承担奶牛的体重，可改善蹄部的健康；但是沙子垫料也存在缺点，沙子和粪污混合后，无法进行有效的处理，造成大量粪污的堆积。

橡胶垫通常垫在水泥卧床上面，铺设方便、维护简单，导热系数小，冬季可减少奶牛的热量损失；但橡胶垫的初期投入大，且质量对使用效果影响较大，劣质橡胶垫的舒适性和安全性较差，奶牛的腿、膝盖易被磨损。牛粪垫料是粪污进行固液分离，将固体牛粪经堆积发酵或条垛发酵，晾晒风干后作为卧床垫料，牛粪松散、干燥、无臭，既实现了粪污利用，也降低了饲养成本，是卧床垫料的一个较好选择。

据报道，使用干牛粪做垫料能显著改善奶牛肢蹄和乳房健康，更加柔软舒适。犊牛卧床使用干牛粪也能提高其舒适度，但需要降低牛舍内的湿度，使牛粪保持干燥，及时清理稀粪，使牛蹄免受粪尿的浸渍，同时也需要对其进行有效消毒来保证舒适健康；当牛粪产生时，在保证牛粪垫料厚度的状况下，可以收集起来堆积发酵，干燥储存，待干牛粪较湿时替换。

深秋、冬季和初春，由于外界环境气温较低时，应使用厚褥草如稻草或麦草，通过"造巢"给哺乳犊牛周围形成一个温暖的空气层，从而能够保温，避免其处于下限临界温度（图10-1）。褥草的使用量为每日2 kg左右，不必每日更换，只需逐日添加新褥草即可，可半月或1月清理一次（多应用于单栏饲养），也可至断奶时一次清理完毕（多应用于分组饲养和机械清理）。

图10-1　新生犊牛使用厚褥草来"造巢"

（二）垫料厚度

在寒冷季节和夜间温度较低的时候，奶牛躺下来，以减少体表面积，并利用垫草的绝热性能来减少体热的损失。即使在寒冷的冬季，犊牛岛的效果也很好，因为犊牛岛的后部可以添加垫草，以保证犊牛的体温。一般来说，天气越冷，要求垫草越厚。

除了犊牛岛外，牛舍内的犊牛笼或犊牛间也需要考虑垫料的问题。在寒冷的季节，除了要防风外，还需要添加更多的垫料。比如塑料薄膜材料做的温室型犊牛舍内，用铁丝围成的1.2 m×2.4 m的犊牛间，在冬季应用加厚垫草。

（三）垫料的除湿

保持垫草干燥是维持犊牛舒适健康的重要环节。一般来说，木屑和锯末吸收水分的能力比稻草、麦秸强，但稻草、麦秸体积大，有厚度。可以考虑将两种垫料结合起来，如先铺5~10 cm的木屑，上面再铺上10~20 cm厚的秸秆，这样既有厚度，又能吸潮，效果显著（图10-2）。

图10-2　犊牛舍提供沙床和厚褥草

遇到潮湿天气，可以将垫料最上面的一层铺薄一点，但保持经常更换，可使垫料表面经常保持干燥。犊牛岛里的犊牛会根据天气变化和地面情况经常更换躺卧位置，以挑选适宜的躺卧位置，因此要勤观察，及时维护和清理垫草和地面。

第三节　采食舒适度管理

一、采食空间

从犊牛出生到断奶后至少2周应将其单独饲养，犊牛小舍（包括所有品种）的面积应达到2.8 m²。如果使用犊牛岛，犊牛岛之间的间距至少>0.6 m。断奶后犊牛按年龄和体型大小分组饲养，每组3头至5头。在大约4月龄时，每组数量可为6~12头。犊牛舍内切忌过载，过载可造成犊牛应激，导致消化紊乱甚至生病。2~4月龄犊牛（包括所有品种）群组饲养时，应保证空间>2.8 m²/头；4~8月龄则>3.7 m²/头。3~8月龄犊牛，在允许自由采食干草和青贮饲料前提下，每头犊牛需要0.1 m的食槽长度；如饲喂精料或TMR饲料，则需要0.3 m的食槽长度。如果考虑所有犊牛同时采食，那么3~4月龄犊牛需要0.3 m的食槽长度，而5月龄至8月龄需要0.45 m的食槽长度。

二、饲料管理

（一）饲料的储存

犊牛料如初乳、代乳品或犊牛开食料糖分相对较高，因此极易被污染。在大多数情况下，最好将代乳品和犊牛开食料存放在原来的容器和包装中。应尽可能避免将代乳粉倾倒到普通公用的容器中。应将所有饲料都保存在一清洁、干燥的地方，并避免鼠害。

初乳的储存也是最常用的管理程序。初乳可以保存一年。但奶牛场中的奶牛经常会面临各种各样的疾病，因此初乳越新鲜越好。初乳应保存在 4 L 的容器中，以便能及时使用完，并应标有初乳日期和母牛号。不要保存异常的或带血的初乳，以避免细菌感染。

（二）饲喂量的管理

犊牛没吃净饲料就慢慢抬头离开食槽走开，说明喂料量过多（4 周龄内的牛犊，还没有稳定吃饲料的消化功能，每顿喂食后食槽内都会留下剩料），如食槽底和壁上只留下像地图一样的料渣舔迹，说明喂料量适中；如果槽内被舔得干干净净并有唾液，说明喂料量不足。可根据槽内情况，调整喂料量。

第四节　饮水舒适度管理

一、饮用水温度控制

饮用水温度过低会影响犊牛的生长发育，犊牛饮用水的适宜温度为 35 ~ 38℃，尤其在冬季，需要控制好犊牛饮用水的水温，避免不当的应激使其舒适度降低。可以采用具有加热恒温功能的饲养设备，可以让犊牛在任何时候都能喝到常温的水，从而有利于它的健康和生长。

二、饮用水量的管理

犊牛在哺乳期间，也需要一些饮水，但是饮水量不是很大，头 7 d 一般给饮水 1~2 L/d 即可，以后会逐渐增加。半月龄以内的犊牛应适当限制饮水量，一般喂奶后 1~2 h 饮 35~36℃的温开水 0.5 kg 左右。1 月龄以后可自由饮水。以此来满足其最大舒适度。

三、饮用水水质管理

根据 NY 5027—2008 规定犊牛饮用水中大肠杆菌群数<10 MPN/100 ml，因此需要确保饮水的干净清洁，水槽夏季应每天刷洗 1 次以减少细菌数，冬季没有粪

便污染的水槽可以 2 d 刷洗一次，发现被粪便污染的水槽应及时刷洗。观察水槽是否漏水、溢水，有问题及时修理。

第五节 运动场舒适度管理

适当的运动是确保犊牛健康生长的必备条件，犊牛出生后 8~10 d，便可让它到运动场上自由活动，因此应考虑运动场的舒适程度来保证犊牛的健康和生长发育。

一、运动场地面的管理

运动场对奶牛蹄部健康的影响不可忽视。较硬的地面使蹄部角质磨损严重，牛蹄容易发生损伤。较硬地面有混凝土地面、水泥地面、立砖地面；较软地面有沙土地面、铺草地面、干粪地面；另外还有硬度处于二者之间的三合土地面和黄土地面。

选择相对较松软的地面，最好是铺草的地面能显著提高犊牛的躺卧时间和舒适度，也会降低蹄病的发生。

二、运动场环境卫生管理

冬季天气寒冷，北方冬季西北风较大，在运动场西侧安置挡风板，来减少奶牛冷应激。低温条件下，牛粪也会冻结在地面上，会影响牛只的行走和站立，因此需要及时清理地面防滑。

夏季多雨潮湿季节，因定期更换运动场地面的垫料，保证其干燥来减少细菌的滋生，此外应该保证运动场排水通畅。

夏季高温季节，应在运动场设置凉棚，并安置风扇与垂直方向成 15°，风速为 2~3m/s，便于凉棚下通风，干燥牛床。每个运动场凉棚下安装牛体刷 2 个。每周 2 次运动场消毒，要求消毒液均匀喷洒运动场（200 ml/m²）。夏天每半月灭蝇一次。还应注意不要在烈日下活动，以免犊牛中暑。运动场和饲料舍中严禁有布条、绳条等异物，以防犊牛误食，使胃发生机能性障碍而死亡。故需要搞好清洁卫生工作，减少发病率，从而提高犊牛的舒适度。

第六节　犊牛习性与舒适度

观察和经验显示，圈养在舒适环境下的奶牛产奶更多，通常更健康、更长寿。奶牛无法解释什么能让它们更舒服。但我们可以通过观测和权衡奶牛活动、习性和环境并结合我们的判断来确定奶牛是否舒适。找出奶牛在草原上放牧的自然习性，它们会按照自然习性模式生活。当奶牛被转移到牛舍和圈栏中，这些自然生活习性受到限制。为了判断奶牛的舒适程度，最重要的是了解奶牛有哪些自然行为。在牛舍中它的行为越接近自然状态下的行为，对它就越好。

常见习性

1. 恐惧孤独

奶牛是群居的动物，单独离群后会受到很大的应激，比如已经发现单独待在栓系式牛舍中的奶牛其牛奶中白细胞会增加。因此犊牛饲养主要采用集中饲养方式。

2. 噪声

奶牛比人类对噪声更敏感。奶牛的耳朵对8 000 HZ 的高频噪声最敏感，而人对1 000~3 000 HZ 的噪声最敏感。因为这个原因，奶牛对比如金属制品在金属上的摩擦噪声比人更敏感。断断续续和奇怪的噪声对奶牛应激特别大。生活在安静环境下的奶牛比生活在不安静环境下的奶牛对噪声更敏感。在德克萨斯州的一项研究中，电话铃声明显地增加了牧场犊牛的心律。持续不断的以正常音量播放音乐有助于奶牛忍受意外的噪声。因此在奶牛的生产过程中减少杂乱的机器工作声很有必要。

3. 视觉

奶牛的视野很开阔，能看到视野周围300°的物体，但奶牛仅仅对正前方有 3D 视觉。只有在这个方向上它们能很好地估计距离。用固体障碍物或门挡住它们的视线可以减少处理时的应激。奶牛也能看到颜色，当有突然的颜色改变，奶牛就不肯前进了。它们通过衣服的颜色来认人。如果你不得不处理一头奶牛并且知道那样将伤害它，应穿上正确颜色的衣服并在专门的地方处理，而不是在牛舍或奶厅。

4. 空间自由

奶牛在它周围有自己的逃离区，当其他动物或人越过这一区域它会用攻击来反抗，或者融入这一群体或逃离。这一区域的大小取决于奶牛的性格。平静的奶牛比不安的奶牛需要的空间小。青年母牛比成年母牛的个体空间大。在奶牛的生活中，当它习惯人类和它们的生活环境时需要的个体空间小。随着年龄的增长，它们在群体等级上也变得越来越高，所以它们不再害怕其他奶牛。

5. 等级

所有动物群体都分等级地位。争取地位的方式通常表现为头顶、冲撞或逃避。群养的青年母牛趋向于一起生活而且互相不太好斗。新产牛、头胎牛和最近新移群的牛在牛群中处于顺从地位。个体大的牛、年龄较大的牛和阅历较多的牛更多的处于统治地位。每群牛中都有一种占统治地位的牛叫作"头牛"，而且可能不止一头。分群策略会影响群体的相互影响作用，而群体的相互影响作用则影响到牛只的采食时间、反刍时间和饮水量。

新鲜饲料刚刚投喂或刚挤奶结束群体的相互影响最为激烈。在通道狭窄而奶牛难以通过时群体的相互影响作用也是一个问题。过度拥挤通常增加群体的相互影响作用的负面效果。饲喂受限制的地方竞争性较大，占统治地位的奶牛比顺从的奶牛多吃约23%的饲料。

群体的相互影响作用是自然行为的一部分。但条件较好的牛舍，其群体的相互影响作用对生产的影响则较小。一个群体中相似的奶牛越多，群体问题出现的越少。因此，良好的牛舍环境比如采食空间、水碗或水槽周围的空间和充足的供休息区的床位对犊牛舒适度至关重要。

6. 刷拭

奶牛有一个嗜好，很喜欢舔舐它们的同伴和被同伴舔舐，舔舐行为是一个正常的行为表现。所有群居动物都舔舐，但不是所有动物都舔舐。等级相近的动物互相舔舐比不同等级间的动物舔舐更频繁。交际舔舐经常和一种行为的改变相关联比如休息前或休息后。奶牛被打扰后舔舐似乎能让它们平静下来。奶牛需要互相刷拭，如果这一需求因为它被栓系得不到满足，那么这种需求会累积，一旦有可能就会增强刷拭行为。

奶牛喜欢在刷子上刷拭它们的身体，牛体刷通过保证奶牛清洁、忙碌和平静，同时增加血液循环来改善动物福利。如果没有刷子它们会通过牛床和牛舍中的饲喂围栏来进行刷拭，一定要避免这种情况，因为奶牛可能因此而伤害自身或损坏牛舍设施。刷拭的功能是去除身上的粪、尿和寄生虫从而保持皮肤和毛发健康。因此需要在牛床、饲喂围栏、运动场等奶牛经常活动的地方安置牛体刷，以最大限度地满足其舒适度（图10-3）。

图 10-3　生产中使用的牛体刷，满足奶牛舒适度的需求

第七节　舒适度的评估指标

一、温湿指数

温湿指数（THI）最初是 Thom 用来评估人们对热的感觉。1964 年，Berry 等将其应用于家畜养殖中，作为衡量奶牛是否遭受热应激的首要环境指标。其计算公式为：

$$THI = 0.72(Td + Tw + 40.6 ，或$$
$$THI = Td + 0.36Tdp + 4.12，或$$
$$THI = 0.81Td + (0.99Tdp - 14.3)RH + 46.3$$

式中：Td、Tw、Tdp、RH 分别表示干球温度、湿球温度、露点和相对湿度。

一般认为，当 THI<72 时，对健康奶牛无热应激；THI 在 72~78 时，轻微热应激；THI 在 79~89 时，中度热应激；THI>90 时，严重热应激。

二、呼吸频率

呼吸频率指每分钟奶牛呼吸次数，在天气炎热时，奶牛通过加速呼吸来增加蒸发散热，正常状况下奶牛的呼吸频率为 20 次/min，轻度热应激时为 50~60 次/min，中度热应激时为 80~120 次/min，严重热应激状况下可达 120~160

次/min，甚至可能超过 160 次/min。

三、直肠温度

直肠温度指奶牛直肠 10~12cm 处的温度。当 THI<80 时，奶牛通过增加呼吸频率、流汗、喘息等适应性调节降低直肠温度，当 THI>80 时，奶牛直肠温度随着 THI 的增加而显著增加。有相关报道表示，有一半牛群直肠温度超过 39.4℃，便处于轻度热应激；若有一半牛群直肠温度超过 40.0℃，便处于严重热应激。

四、风寒温度

将气象中的风寒温度 WCT（wind chill temperature，WCT）应用到家畜环境中，作为评价奶牛是否遭受冷应激的环境指标之一。其计算公式为：

$$WCT = 13.12 + 0.6215 \times T - 11.37 \times V_{10m}^{0.16} + 0.3965 \times T \times V_{10m}^{0.16}$$

式中：WCT 表示风寒温度，℃；T 表示空气温度，℃；V 表示 10 m 高度风向标所测风速，km/h。

Tucker 等研究认为，WCT 与产奶性能之间存在强相关关系，根据 WCT 数值可将冷应激程度划分为：轻度冷应激−25℃<WCT≤−10℃；中度冷应激−45℃<WCT≤−25℃；严重冷应激−59℃<WCT≤−45℃；极度冷应激 WCT≤−59℃。

五、奶牛舒适度指标

对于奶牛个体来说，健康奶牛约有 50% 的时间为躺卧休息，舒适度好的牧场可以达到 50% 以上，即大于 12 h；较差的牧场躺卧可能低到 9 h 以下。用躺卧率可以一定程度上表征舒适度。奶牛舒适度指标（Cow Comfort Index，CCI）：CCI 最早在 1996 年提出（Nelson，1996），现已广泛地用来评估牛舍舒适性。其计算方法是：躺卧牛的数量/牛舍内接触卧床牛的数量；牛舍内接触卧床的牛包括站立、躺卧和跨卧床站立的牛。一般而言，奶牛舒适度指标的最大值发生在早晨挤奶回来后 1 h，建议此时 CCI>85%。

六、卧床使用率

卧床使用率（Stall Use Index，SUI）：Overton 等（2003）提出了一个新的指标，即 SUI = stall use index. 通俗地讲即"卧床使用率或上床率"。其计算方法是：扣除采食的牛只后，躺卧牛的数量/牛舍内接触卧床牛的数量。由于扣除了采食的牛，SUI 比 CCI 能更准确地反映卧床舒适度。建议早晨挤奶回来后 1 h，SUI>85%。

七、奶牛站立指标

奶牛站立指标（Stall Standing Index，SSI），其计算方法是：站立牛的数量/牛舍内接触卧床牛的数量，SSI＝1-CCI。这里站立牛指的是四肢站立在卧床上，或者前肢站立在卧床上后肢站立在通道上的牛。建议在挤奶前 2 h 对牛群进行统计。

肢蹄病影响站立时间，研究发现健康牛每天站立 2.1 h（0~4.4），轻微跛行牛每天站立 1.6 h（1.6~6.9），中等跛行牛每天站立 4.9 h（2.5~7.3）。

八、奶牛跨卧床站立指标

奶牛跨卧床站立指标（Stall Perching Index，SPI）：为了更好地区分站立牛，提出了SPI，其计算方法是：跨卧床站立牛的数量/牛舍内接触卧床牛的数量，这里所谓的跨卧床站立牛是指前肢站立在卧床上，而后肢站立在通道上的牛。

绝大多数的牧场更重视生产绩效，往往忽视奶牛福利和舒适度。"善待奶牛"这样的观念，多数牧场还只是停留在标语上，甚至暴打和虐待奶牛的事情也常有发生。改善奶牛舒适度，不仅能保证奶牛健康，而且能更好地发挥奶牛的生产水平，提高牧场生产绩效。对奶牛舒适度的评估需要一系列的评分标准和指标，借助这些指标，即可定期对牧场的舒适度进行评估，发现影响舒适度和限制生产绩效的因素，改进和清除这些因素，提高养殖效益。

参考文献

边四辈 . 2017. 影响奶牛躺卧休息时间的因素 [J]. 中国奶牛（7）：6-9.

丛慧敏，沙里金，王爽，等 . 2012. 奶牛场立砖面运动场与干牛粪铺垫运动场的饲养效果对比 [J]. 中国奶牛（15）：41-43.

侯世忠 . 2012. 牛粪的卧床垫料利用技术 [J]. 山东畜牧兽医，33（9）：26-28.

黄鸿威 . 2014. 奶牛生活习性与舒适度 [J]. 北方牧业（13）：25.

金兰梅，马飞，谈亦奇，等 . 2010. 规模化奶牛场空气细菌数量与乳房炎发生的相关性调查 [J]. 畜牧与兽医，42（12）：87-91.

李刚 . 2015. 提高奶牛舒适度的管理措施 ［J］. 黑龙江畜牧兽医（14）：77-78.

李宁 . 2014. 环境因素对奶牛生产风险的影响 ［J］. 乳业科学与技术，37（3）：27-30.

李冉 . 奶牛舒适度常见误区分析 ［N］. 河北科技报，2016-11-08（B05）.

李如治 . 2003. 家畜环境卫生学 ［M］. 第 3 版 . 北京：中国农业出版社.

李震钟，沈长江，吴湿华，等 . 1986. 家畜生态学 ［M］. 郑州：河南科技出版社 .

梁学武 . 2003. 现代奶牛生产 ［M］. 北京：中国农业出版社.

龙珣睿，刘玥，雷世玉，等 . 2018. 不同牛舍室内外土壤、污水、空气细菌分布及相关性
研究 ［J］. 家畜生态学报，39（2）：71-74.

马景伟 . 2017. 浅谈提高奶牛舒适度的管理措施 ［J］. 现代畜牧科技（8）：29.

潘振亮，陈龙宾，韩静，等 . 2013. 水质改良剂对犊牛饮水量及饮水质量的影响 ［J］. 家
畜生态学报，34（5）：47-50.

宋亚攀 . 2014. 奶牛舒适度的评估 . 中国奶业协会 . 第五届中国奶业大会论文集 ［C］. 北
京：中国奶业协会 .

王封霞 . 2016. 饲养密度对奶牛舒适度的影响 . 中国奶业协会 . 第七届中国奶业大会论文
集 ［C］. 北京：中国奶业协会 .

王庆镐，黄昌澍，于淡湖，等 . 2001. 家畜环境卫生学 ［M］. 第 2 版 . 北京：中国农业出
版社 .

王晓鹏，斯琴巴特，吐日跟白乙拉 . 2017. 奶牛躺卧行为的研究进展 ［J］. 当代畜禽养殖
业（5）：3-5.

王艳明，边四辈，崔春涛，等 . 2013. 奶牛舒适度的科学：设计更好的卧床——奶牛感觉
舒适的卧床 ［J］. 中国奶牛（13）：43-47.

魏小红，潘周雄，王成堂 . 2009. 散栏牛舍及橡胶垫牛床的应用效果分析 ［J］. 湖北畜牧
兽医（8）：20-23.

杨兴汉 . 1984. 噪音对奶牛生产性能的影响 ［J］. 青海畜牧兽医杂志（6）：33.

张慢，王湘阳，易建明 . 2018. 牛舍温热环境对奶牛生产和健康影响的研究进展 ［J］. 家
畜生态学报，39（2）：6-11.

郑丕华 . 1992. 中国家畜生态 ［M］. 北京：农业出版社.

中华人民共和国国家标准 . 畜禽场环境质量标准 NY/T 388—1999 ［S］. 北京：中国标准
出版社 .

Fregonesi J A, Tucker C B, Weary D M. 2007. Overstocking reduces lying time in dairy cows
［J］. J. Dairy Sci, 90：3 349-3 354.

Gomez A, Cook N B. 2010. Time budgets of lactating dairy cattle in commercial free stall herds
［J］. J. Dairy Sci, 93：5 772-5 781.

Jensen M B, Pederson L J, Munksgaard L, et al. 2005. The effect of reward duration on demand functions for rest in dairy heifers and lying requirements as measured by demand functions [J]. Appl. Anim. Behave, 90: 207-217.

Overton M W, Sischo W M, Temple G D, et al. 2002. Using time-lapse video photography to assess dairy cattle lying behavior in a free-stall barn [J]. J. Dairy Sci, 85: 2 407-2 413.

Tucker C B, Weary D M, Fraser D, et al. 2003. Effects of three types of free-stall surfaces on preferences and stall usage by dairy cows [J]. J. Dairy Sci, 86: 521-529.